JN262353

身近な事例で学ぶ
やさしい統計学

石村光資郎 ●著

Ohmsha

本書を発行するにあたって，内容に誤りのないようできる限りの注意を払いましたが，本書の内容を適用した結果生じたこと，また，適用できなかった結果について，著者，出版社とも一切の責任を負いませんのでご了承ください．

本書は，「著作権法」によって，著作権等の権利が保護されている著作物です．本書の複製権・翻訳権・上映権・譲渡権・公衆送信権（送信可能化権を含む）は著作権者が保有しています．本書の全部または一部につき，無断で転載，複写複製，電子的装置への入力等をされると，著作権等の権利侵害となる場合があります．また，代行業者等の第三者によるスキャンやデジタル化は，たとえ個人や家庭内での利用であっても著作権法上認められておりませんので，ご注意ください．

本書の無断複写は，著作権法上の制限事項を除き，禁じられています．本書の複写複製を希望される場合は，そのつど事前に下記へ連絡して許諾を得てください．

(社)出版者著作権管理機構
(電話 03-3513-6969, FAX 03-3513-6979, e-mail: info@jcopy.or.jp)

JCOPY ＜(社)出版者著作権管理機構 委託出版物＞

はじめに

　近年、統計処理の需要は高まるばかりです。それに伴い、高度な統計解析や統計ソフトが日々開発されていますが、その進度についていくことができる人はほんの一握りです。また高校で文系に進み、数学から離れていた人がある日突然、統計処理をしなければならなくなった、なんてこともしばしばです。

　その様な背景を踏まえて本書は、統計を勉強したいけれども難しそうで手が出ない、かつて勉強したことがあったけれども理解できなかったのでもう一度勉強し直したい、というような、統計の初心者を対象としています。

　各章では、できるだけ具体的なデータを用いて統計処理を解説し、統計処理の解説にそった例題を置いて理解しやすくしました。さらに、各章の最後にある練習問題には詳しい解答と解説をつけましたので、計算を追いながら統計処理の理解が深められるようになっています。

　統計の計算はどうしても煩雑になりがちです。例題や練習問題の計算には電卓を使用しましょう。実際の調査や研究における統計処理においては、エクセルや統計ソフトなどを使用しますので、手計算で計算を追う必要はありません。むしろ電卓を使用して計算をスムーズに行った方が、統計処理の流れを理解できます。

　計算結果は一部を除いて有効数字 4 桁で計算してあります。電卓を使用し、数式を分けて計算する場合には、できるだけ桁数を残して計算するとよいでしょう。自分の計算結果と本書の計算結果に誤差が出ても、あまり気にする必要はありません。

　なお、筆者の個人的な趣味から本書のデータはほとんどが魚に関するデータとなっております。

平成 24 年 1 月

石村光資郎

目次

第1章　1変数のグラフ
1-1　数の大小を比べる棒グラフ ……………………………………………… 2
1-2　比率を比べる円グラフ …………………………………………………… 5
1-3　変化を表す折れ線グラフ ………………………………………………… 7
1-4　いろいろなグラフ表現 …………………………………………………… 10
練習問題 ………………………………………………………………………… 13

第2章　1変数の統計量
2-1　データを代表する平均値 ………………………………………………… 16
2-2　分散・標準偏差 …………………………………………………………… 20
練習問題 ………………………………………………………………………… 26

第3章　2変数のグラフ
3-1　2つの変数の関係を表す散布図 ………………………………………… 28
3-2　正の相関と散布図 ………………………………………………………… 33
3-3　負の相関と散布図 ………………………………………………………… 36
練習問題 ………………………………………………………………………… 40

第4章　2変数の統計量
4-1　相関係数 …………………………………………………………………… 44
4-2　共分散 ……………………………………………………………………… 50

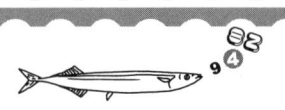

4-3	相関係数の意味	52
練習問題		54

第5章　回帰分析

5-1	回帰直線の切片と傾き	56
5-2	回帰直線による予測	61
練習問題		64

第6章　データの要約

6-1	度数分布表	66
6-2	ヒストグラム	72
練習問題		74

第7章　離散確率分布

7-1	確率と確率分布	76
7-2	離散確率分布	79
練習問題		81

第8章　連続確率分布

8-1	連続確率分布とは	84

v

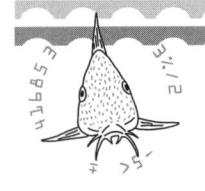

8-2	正規分布	86
8-3	標準正規分布と数表	90
8-4	t 分布と数表	93
練習問題		98

第9章　母集団に対する統計的推定

9-1	母集団と標本	100
9-2	母平均の区間推定	101
9-3	母比率の区間推定	114
練習問題		119

第10章　母集団に対する統計的検定①

10-1	仮説の検定	122
10-2	母平均の検定	128
10-3	母比率の検定	133
練習問題		138

第11章　母集団に対する統計的検定②

11-1	2つの母平均の差の検定	140
11-2	2つの母比率の差の検定	153
練習問題		158

練習問題の解答と解説 ································· 160

● ● ● ● ● ● ● ● ● ● ●

付録数表
標準正規分布 ························· 206
t 分布 ······························ 210

索　引 ································ 211

第1章
1変数のグラフ

　世の中には様々なデータがあふれています。それらのデータは数値で与えられることがほとんどですが、データの特徴を知りたいときには数値だけを眺めていてもよくわかりません。

　そういうときにはデータを、グラフで表すことによってデータの特徴が一目でわかります。

　第1章では簡単なデータを用いて、グラフ表現を紹介していきます。どのようなデータに対して、どのようなグラフ表現が適しているかを学びます。

1-1 数の大小を比べる棒グラフ

いくつかのものを比較するときに、一番簡単な方法はグラフを描くことです。表1.1は、ある漁港で水揚げされたマグロの漁獲高のデータです。

表1.1　月ごとのマグロ漁獲高

月	マグロの漁獲高
1月	830 kg
2月	90 kg
3月	130 kg
4月	998 kg
5月	440 kg
6月	511 kg
7月	334 kg
8月	412 kg
9月	355 kg
10月	89 kg
11月	1863 kg
12月	1432 kg

何月の漁獲高が最も高いのかな？

マグロ

何月の漁獲高が最も高いでしょうか。毎月の数値を追っていけばわかりますが、棒グラフを描くと月ごとの違いがよくわかります。

表1.1のデータを棒グラフにすると、図1.1のようになります。

グラフを描くとわかりやすいニャ

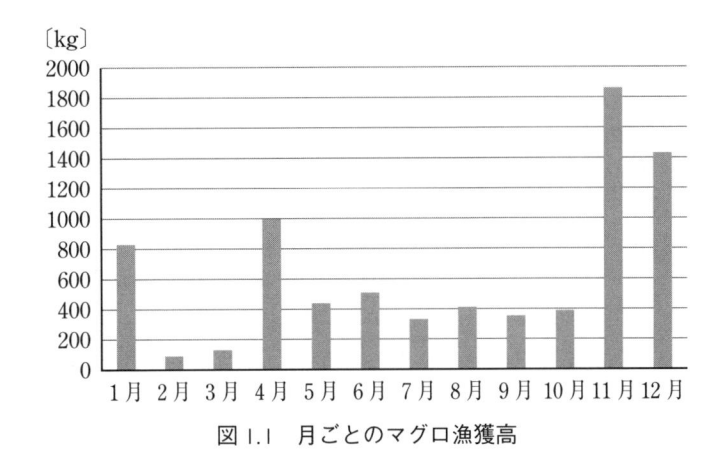

図 1.1　月ごとのマグロ漁獲高

すると、11月の漁獲量が最も高いことが一目でわかりますね。
もう1つ例を挙げます。
表1.2は、世界の色々な国における魚の消費量を示したデータです。

表 1.2　世界の魚の消費量

都市名	魚の消費量
アメリカ	25 t
オーストラリア	418 t
ブラジル	1172 t
カナダ	789 t
フランス	5693 t
アイルランド	920 t
イタリア	1091 t
日本	6312 t
韓国	75 t
メキシコ	6 t

表1.2のデータを**縦棒グラフ**にすると、図1.2のようになります。

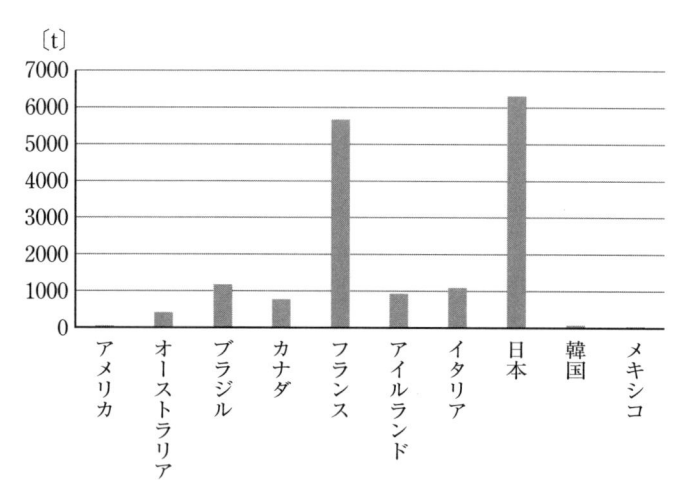

図 1.2　世界の魚の消費量（縦棒グラフ）

すると、日本における魚の消費量が最も多いことがわかりますね。図 1.3 のように**横棒グラフ**を描いても構いません。

図 1.3　世界の魚の消費量（横棒グラフ）

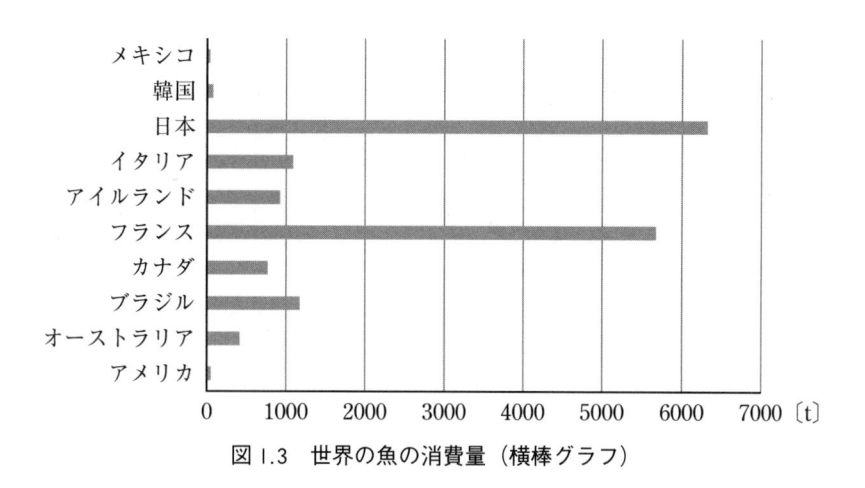

図 1.2 は縦棒を用いた棒グラフで、図 1.3 は横棒を用いた棒グラフです。縦棒を使うか、横棒を使うかに決まりはありませんので、わかりやすいと思う方を選びましょう。

1-2 比率を比べる円グラフ

全体に対する割合を表すときに便利なものが比率です。

表1.3は、ある回転すし屋で調べた売上に占めるすしネタの割合を表したデータです。

表1.3　回転すし屋のすしネタの割合

すしネタ	割合
赤身	22%
白身	25%
貝類	16%
甲殻類	13%
タコ・イカ	10%
軍艦	9%
その他	5%

割合のデータをグラフにするときはどんなグラフがいいのかニャ〜

割合のデータをグラフにするときは、**円グラフ**が適しています。理由は円を分割することによって、割合がそのまま図に表現されるからです。

表1.3を円グラフにすると、図1.4のようになります。

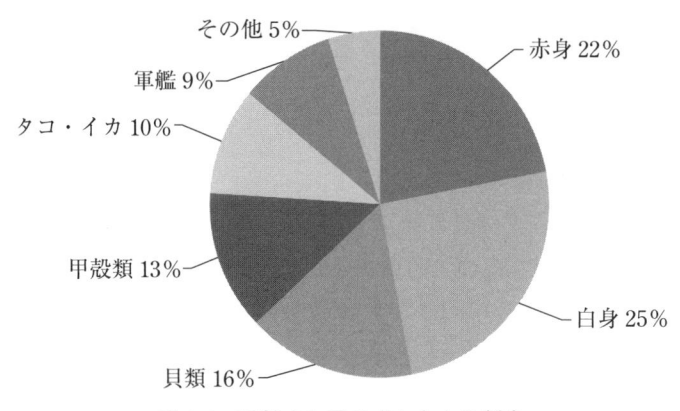

図1.4　回転すし屋のすしネタの割合

表1.4のようなデータは円グラフに適していません。

表1.4 日本の色々な漁港で水揚げされるアジの大きさ

漁港名	アジの大きさ
釧路	23 cm
八戸	19 cm
銚子	30 cm
七尾	27 cm
高知	33 cm
下関	45 cm

このデータは円グラフに適してないんだよ。なんでかな〜

アジ

なぜなら日本の各漁港で水揚げされるアジの大きさは、あくまでその漁港で測定されるものであって、日本のすべての漁港で獲れるアジに対する大きさではありません。

与えられたデータに「全体」と「割合」が意味づけされて初めて円グラフにする意味が出てきます。その意味では、表1.1のデータは1月から12月までをまとめると1年という全体が定義できるので、円グラフにすることもできます。

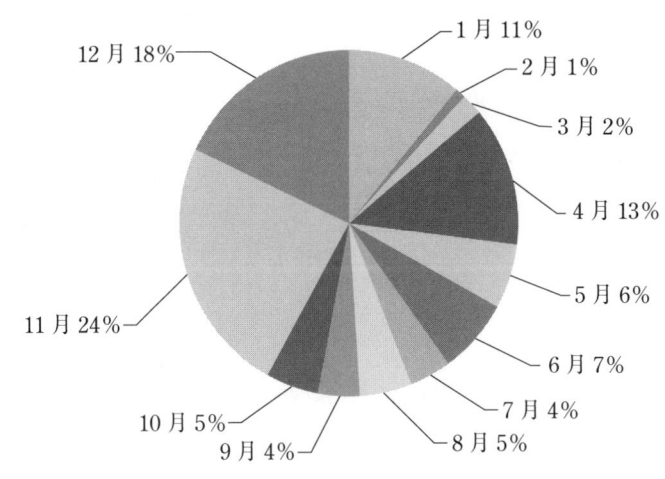

図1.5 月ごとのマグロの漁獲高の割合

1月 11%
2月 1%
3月 2%
4月 13%
5月 6%
6月 7%
7月 4%
8月 5%
9月 4%
10月 5%
11月 24%
12月 18%

1-3 変化を表す折れ線グラフ

時間の経過に伴うデータの場合、**折れ線グラフ**が適しています。

表1.5は、1月から12月の間に水揚げされるアジの漁獲高のデータです。

表1.5　月ごとのアジの漁獲高

月	アジの漁獲高
1月	175 t
2月	212 t
3月	179 t
4月	222 t
5月	265 t
6月	301 t
7月	247 t
8月	220 t
9月	166 t
10月	160 t
11月	181 t
12月	251 t

時間の経過に伴う漁獲高の変化を知りたいな

このデータを折れ線グラフにすると図1.6のようになります。

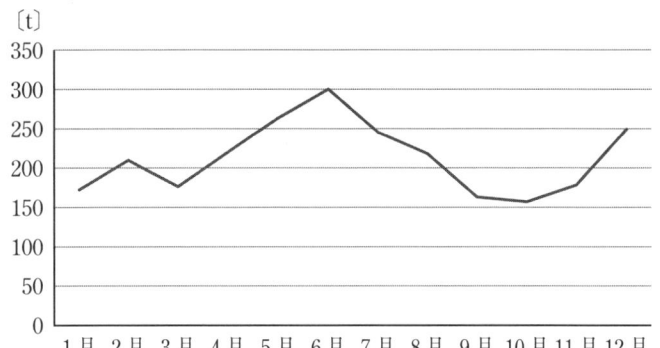

図1.6　月ごとのアジの漁獲高

すると、アジの漁獲高は、春から初夏にかけて漁獲高の最盛期を向かえ、秋に漁獲高が最も落ち込むということがわかりますね。

折れ線グラフは、時間の経過による変化を見るために適しているので、図1.7のようなグラフは誤りです。

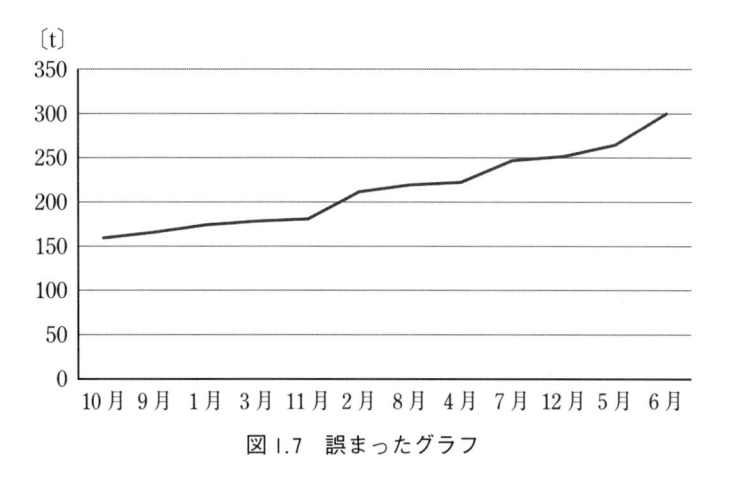

図1.7 誤まったグラフ

これでは、1月から12月までの間にアジの漁獲量がどのように変化しているかわかりません。

ちなみに、表1.1も折れ線グラフで表すことができます。

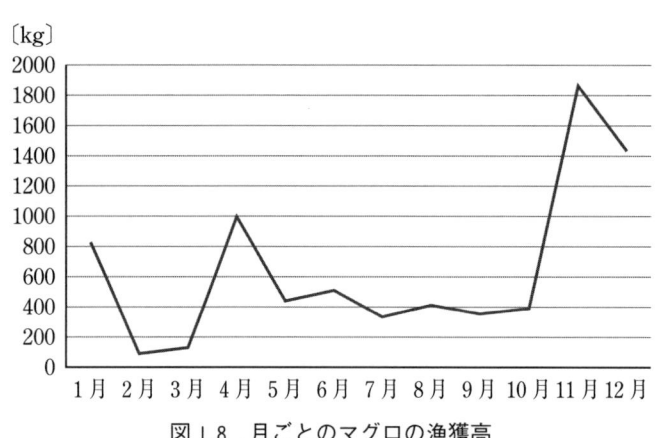

図1.8 月ごとのマグロの漁獲高

図1.1の棒グラフと図1.8の折れ線グラフを重ね合わせてみましょう。

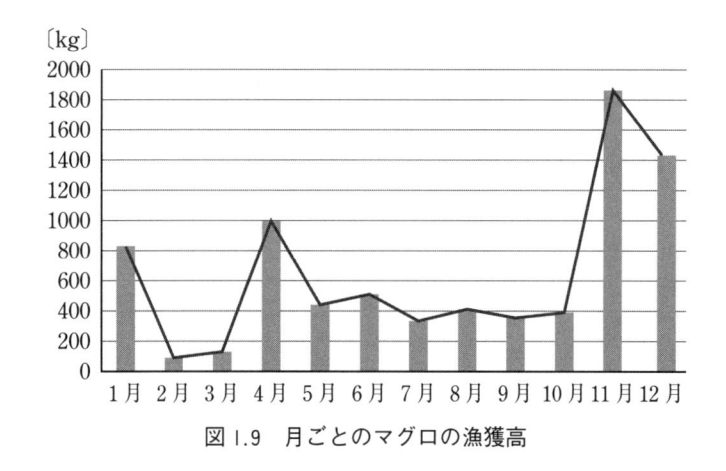

図1.9　月ごとのマグロの漁獲高

すると、折れ線グラフは棒グラフの頂点をつなぎ合わせたグラフであるとみなすことができますね。

11月の漁獲高が最も高いね。
しかも10月の漁獲高に比べ
4倍以上も獲れてるよ。
このようにデータをグラフで表すと
データの特徴が一目でわかるから
便利だね

マグロ

1-4 いろいろなグラフ表現

これまでに紹介したグラフを応用することによって、様々な表現が可能になります。

🐟 積み上げ棒グラフ

表1.6は、各漁港において水揚げされる魚の漁獲高とその内訳のデータです。

表1.6　各漁港における様々な魚の漁獲高

	サンマ	サバ	イワシ
銚子	52698 t	66736 t	27840 t
石巻	9052 t	32283 t	6051 t
佐世保	4290 t	11003 t	13540 t

漁港間の水揚げ量の比較と、各漁港でどんな魚が多く水揚げされているかを見るのに適したグラフが、**積み上げ棒グラフ**です。一度に2つのことが比較できるので便利です。

表1.6のデータを積み上げ棒グラフにすると、図1.10のようになります。

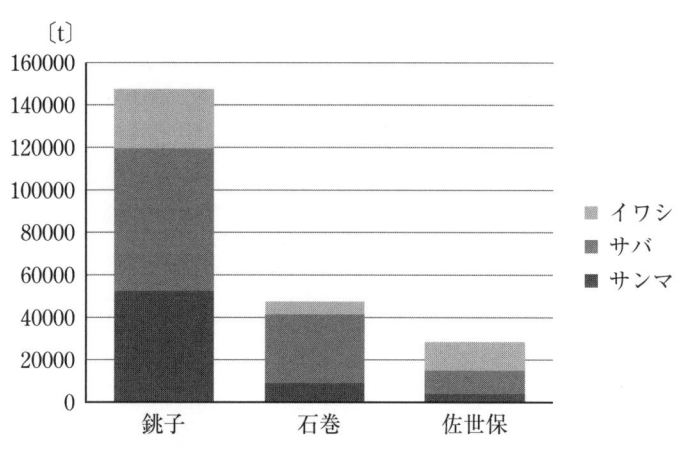

図1.10　各漁港における様々な魚の漁獲高（積み上げ棒グラフ）

銚子港はトータルの漁獲高が最も高く、それぞれの魚についても漁獲高が最大であることがわかりますね。

🐟 100％積み上げ棒グラフ

積み上げ棒グラフの一種で、各漁港の漁獲高を100％とし、魚の種類ごとの漁獲高を割合で示したものです。各漁港で水揚げされる魚の種類の構成比がわかります。

表1.6のデータを**100％積み上げ棒グラフ**で表わすと図1.11のようになります。

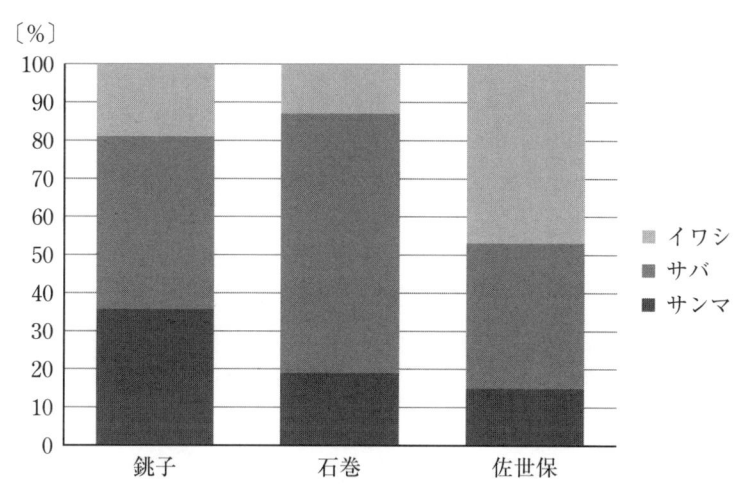

図1.11　各漁港における様々な魚の漁獲高（100％積み上げ棒グラフ）

各漁港において水揚げされる魚の割合の違いがよくわかりますね。ただし、漁港ごとの漁獲量を100％としているので、漁港間の漁獲量全体の比較はできません。

> 比率の違いがよくわかるニャ

🐟 積み上げ面グラフ

表 1.7 は、ある漁港におけるサンマとイワシの漁獲高の推移のデータです。

表 1.7　サンマとイワシの漁獲高の推移

	2006 年	2007 年	2008 年	2009 年	2010 年
サンマ	2789 t	3409 t	3069 t	2879 t	1853 t
イワシ	1611 t	52 t	681 t	713 t	1474 t

このような時間によって変化するデータは、**積み上げ面グラフ**が適しています。また、図 1.12 のような積み上げ面グラフを用いると、サンマとイワシの合計の推移も見ることができます。

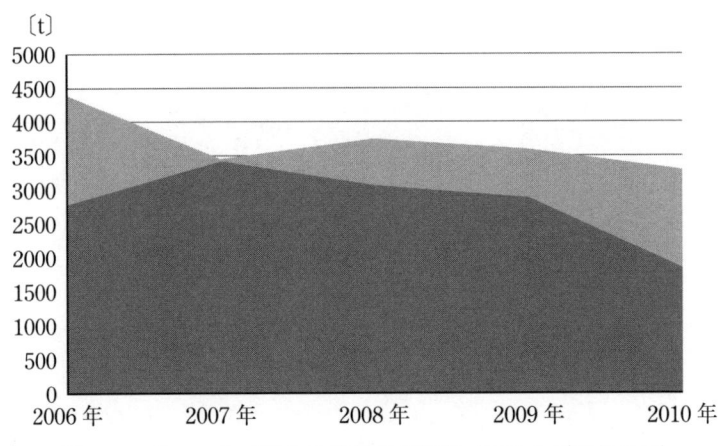

図 1.12　サンマとイワシの漁獲高の推移（積み上げ面グラフ）

2つのデータの合計の推移も見れるね

イワシ

練習問題

次のデータをグラフで表現しましょう。それぞれどのようなグラフを用いるとわかりやすく表現できるか考えながらやってみましょう。

1 漁港別ほっけの漁獲高

漁港	ほっけの漁獲高
稚内（わっかない）	36142 t
紋別（もんべつ）	20497 t
網走（あばしり）	9014 t
羅臼（らうす）	4186 t

2 年次別サンマの漁獲高

年	サンマの漁獲高
2000 年	210782 t
2001 年	275424 t
2002 年	214208 t
2003 年	259483 t
2004 年	203159 t
2005 年	231198 t

3 漁港別マグロ類とカツオの漁獲高

	びんながマグロ	めばちマグロ	きはだマグロ	カツオ
気仙沼(けせんぬま)	6650 t	1171 t	4063 t	7546 t
塩釜(しおがま)	2670 t	1966 t	1391 t	368 t
銚子(ちょうし)	1677 t	2143 t	2874 t	2244 t
勝浦(かつうら)	6354 t	2830 t	4005 t	8171 t

4 年次別スルメイカとコウイカの漁獲高

年	スルメイカ	コウイカ
2002 年	27356 t	7873 t
2003 年	25384 t	6883 t
2004 年	23460 t	7920 t
2005 年	22236 t	8225 t
2006 年	19031 t	7065 t

第2章
1変数の統計量

　第1章では、データをグラフにするという方法を学びました。

　第2章では、データの特徴を表現するための最も基本的な統計量である平均、分散、標準偏差について学びます。

　統計量とは「与えられたデータからある一定の規則に従って算出された値」のことを示しています。

2-1 データを代表する平均値

表2.1は、アマゾン川に生息しているコリドラス・ステルバイという淡水魚の体長を測定したデータです。

表2.1 コリドラス・ステルバイの体長

No.	ステルバイの体長
1	5.90 cm
2	6.45 cm
3	6.05 cm
4	6.47 cm
5	6.35 cm
6	6.13 cm
7	6.49 cm
8	5.89 cm
9	6.31 cm
10	6.50 cm

表2.1からアマゾン川に生息しているコリドラス・ステルバイの体長はおおよそ何cmくらいだと捉えたらよいでしょうか。ここでよく用いられるのが**平均値**です。平均値とはその名のごとく、値を平均したもの、つまり平らに均したものです。

コリドラス・ステルバイの体長のデータを用いて平均値 $\bar{x}$ を計算すると次のようになります。

$$\bar{x} = \frac{5.90+6.45+6.05+6.47+6.35+6.13+6.49+5.89+6.31+6.50}{10}$$

$$= 6.254$$

平均値の計算をイメージで表すと図2.1のようになります。

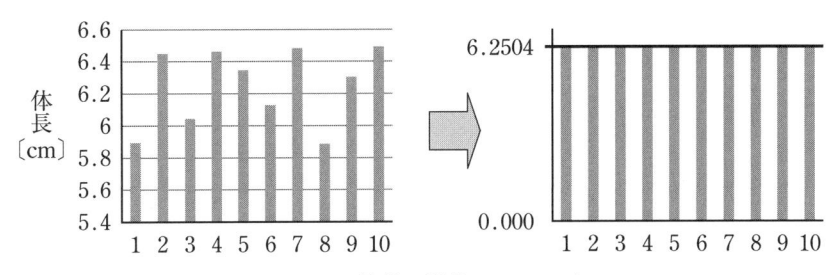

図 2.1　平均値の計算のイメージ

公式　平均値

No.	データ x_i
1	x_1
2	x_2
⋮	⋮
$N-1$	x_{N-1}
N	x_N

左記のようなデータが与えられたときの平均値 $\bar{x}$

$$\bar{x} = \frac{x_1 + x_2 + \cdots + x_{N-1} + x_N}{N}$$

平均値のことを単に平均ということもあります。

平均値はデータの特徴を示す大切な統計量だニャ

例題 2-1

表2.2はコリドラス・ステルバイの体高のデータです。平均値 $\bar{x}$ を求めましょう。

表 2.2 コリドラス・ステルバイの体高

No.	ステルバイの体高
1	3.74 cm
2	3.61 cm
3	4.17 cm
4	3.80 cm
5	3.50 cm
6	3.74 cm
7	3.85 cm
8	4.25 cm
9	3.85 cm
10	4.49 cm

$$\bar{x} = \frac{3.74+3.61+4.17+3.80+3.50+3.74+3.85+4.25+3.85+4.49}{10}$$
$$= 3.900$$

コリドラス・ステルバイの体高は約 3.90 cm ぐらいであると捉えることができますね。

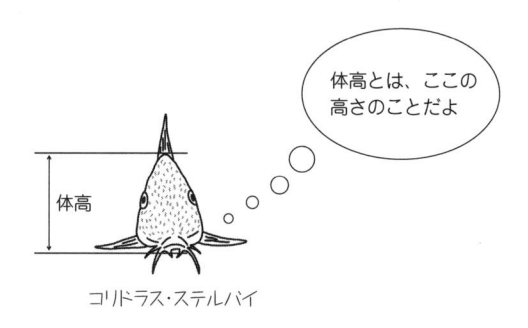

✏️ **例題 2-2**

表 2.3 はコリドラス・ステルバイの体重のデータです。平均値 $\bar{x}$ を求めましょう。

表 2.3　コリドラス・ステルバイの体重

No.	ステルバイの体重
1	4.74 g
2	4.84 g
3	5.15 g
4	5.15 g
5	5.08 g
6	5.40 g
7	5.01 g
8	5.28 g
9	4.75 g
10	4.60 g

$$\bar{x} = \frac{4.74+4.84+5.15+5.15+5.08+5.40+5.01+5.28+4.75+4.60}{10}$$
$$= 5.000$$

コリドラス・ステルバイの体重は約 5.00 g ぐらいであると捉えることができますね。

2-2 分散・標準偏差

データの特徴を表すために重要な統計量として**分散**と**標準偏差**があります。

表2.4は、アマゾン川の支流であるシングー川とオリノコ川に生息するコリドラス・アエネウスの体長のデータです。

表2.4　コリドラス・アエネウスの体長

No.	シングー川	No.	オリノコ川
1	6.17 cm	1	6.37 cm
2	6.30 cm	2	7.03 cm
3	6.47 cm	3	6.96 cm
4	6.54 cm	4	5.75 cm
5	6.50 cm	5	5.86 cm
6	6.41 cm	6	7.28 cm
7	6.35 cm	7	5.85 cm
8	6.28 cm	8	7.14 cm
9	6.49 cm	9	5.70 cm
10	6.99 cm	10	6.56 cm

まずは、このデータから2つの川のコリドラス・アエネウスの体長の平均値を求めましょう。

■ シングー川のコリドラス・アエネウスの体長の平均値 $\bar{x}_1$ を計算

$$\bar{x}_1 = \frac{6.17+6.30+6.47+6.54+6.50+6.41+6.35+6.28+6.49+6.99}{10}$$
$$= 6.450$$

■ オリノコ川のコリドラス・アエネウスの体長の平均値 $\bar{x}_2$ を計算

$$\bar{x}_2 = \frac{6.37+7.03+6.96+5.75+5.86+7.28+5.85+7.14+5.70+6.56}{10}$$
$$= 6.450$$

すると平均値は同じ値となりました。

このことから、2つの川のコリドラス・アエネウスのデータは同じものと考えていいでしょうか？　もう少し考えてみましょう。

そこで、2つのデータをそれぞれ小さい順に並べ替えてみました。

表2.5　コリドラス・アエネウスの体長

データの順位	シングー川	オリノコ川
1		5.70 cm
2		5.75 cm
3		5.85 cm
4		5.86 cm
5	6.17 cm	
6	6.28 cm	
7	6.30 cm	
8	6.35 cm	
9		6.37 cm
10	6.41 cm	
11	6.47 cm	
12	6.49 cm	
13	6.50 cm	
14	6.54 cm	
15		6.56 cm
16		6.96 cm
17	6.99 cm	
18		7.03 cm
19		7.14 cm
20		7.28 cm

すると、オリノコ川の方がシングー川に比べてデータの幅が広いように見えます。実は平均値が同じだからといって、2つのデータが同じものであるかどうかはわかりません。

2つのデータに対して、平均値が同じでもデータの幅が異なるなら、それらは異なるデータとみなします。

🐟 分散

データの幅（バラツキ）を表す統計量に**分散**とよばれるものがあります。この分散を用いることにより、2つのデータのバラツキ具合を比較することが出来ます。

分散の計算式は複雑なので、まずはその定義を確認しておきましょう。

公式 — 分散

No.	データ x_i
1	x_1
2	x_2
⋮	⋮
$N-1$	x_{N-1}
N	x_N

左記のようなデータが与えられたときの分散 s^2

$$s^2 = \frac{(x_1-\bar{x})^2+(x_2-\bar{x})^2+\cdots+(x_N-\bar{x})^2}{N-1}$$

分散の式に出てくる $\bar{x}$ は平均値を表しています。式をよく見ると、分散はデータと平均値の差を取っていることがわかります。つまり、分散はデータが平均値からどのくらい離れているかを計算しているのです。

それでは、表2.4のシングー川とオリノコ川のコリドラス・アエネウスの体長の分散を計算してみましょう。

■ シングー川の分散 s_1^2 を計算

$$s_1^2 = \frac{\begin{array}{l}(6.17-6.45)^2+(6.30-6.45)^2+(6.47-6.45)^2+(6.54-6.45)^2\\+(6.50-6.45)^2+(6.41-6.45)^2+(6.35-6.45)^2+(6.28-6.45)^2\\+(6.49-6.45)^2+(6.99-6.45)^2\end{array}}{10-1}$$

$= 0.04951$

■ オリノコ川の分散 s_2^2 を計算

$$s_2^2 = \frac{\begin{array}{l}(6.37-6.45)^2+(7.03-6.45)^2+(6.96-6.45)^2+(5.75-6.45)^2\\+(5.86-6.45)^2+(7.28-6.45)^2+(5.85-6.45)^2+(7.14-6.45)^2\\+(5.70-6.45)^2+(6.56-6.45)^2\end{array}}{10-1}$$

$= 0.3934$

このことから、シングー川とオリノコ川のコリドラス・アエネウスの体長の分散は異なっていることがわかります。つまり、シングー川とオリノコ川のコリドラス・アエネウスの体長のデータは、平均値は同じでも分散が異なるので、異なるデータであるこということになります。

ところで、分散の値を見るともとのデータと比較してもわかりづらいですね。分散はデータのバラツキの尺度を表す統計量です。しかし、このままだとどの程度のバラツキなのかがもとのデータと比較しにくいです。

🐟 標準偏差

そこで、分散の平方根を取った**標準偏差**とよばれるものが導入されました。平方根を取る理由として、分散の計算式ではデータと平均値との差の2乗を計算しています。つまり、出てきた値も2乗された値だとみなすことができますので平方根を取ることによって、もとの基準に戻すというわけです。

公式　標準偏差

No.	データ x_i
1	x_1
2	x_2
⋮	⋮
$N-1$	x_{N-1}
N	x_N

左記のようなデータが与えられたときの標準偏差 s

$$s = \sqrt{\frac{(x_1-\bar{x})^2+(x_2-\bar{x})^2+\cdots+(x_N-\bar{x})^2}{N-1}}$$

式中の記号の意味は以下のとおり
$\bar{x}$：データから計算された平均値

先ほどのシングー川とオリノコ川のコリドラス・アエネウスのデータを使って標準偏差を求めてみましょう。標準偏差は分散の平方根なので、シングー川とオリノコ川のコリドラス・アエネウスの体長の分散 s_1^2 と s_2^2 の値の平方根を計算すればよいです。

■ シングー川の標準偏差 s_1 を計算
$$s_1 = \sqrt{0.04951} = 0.2225$$
■ オリノコ川の標準偏差 s_2 を計算
$$s_2 = \sqrt{0.3934} = 0.6272$$

この結果から、シングー川よりオリノコ川のコリドラス・アエネウスの体長のデータの方が、バラツキが大きいことがわかりますね。

このバラツキをグラフで見ると図2.2および図2.3のようになります。

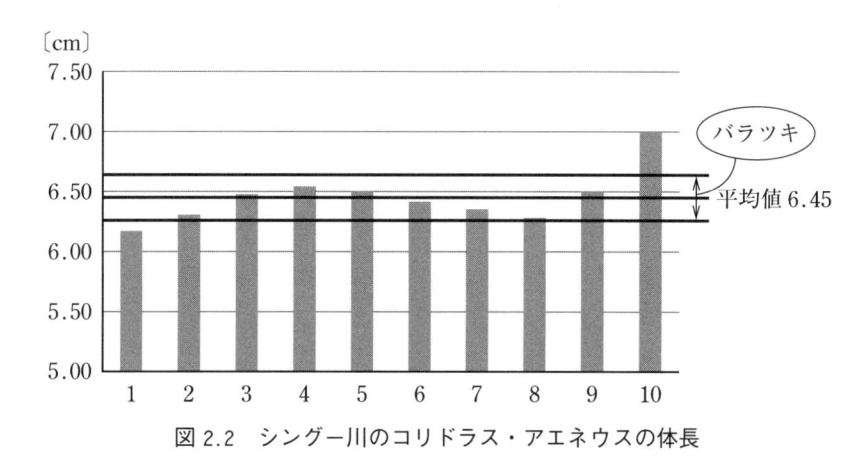

図2.2　シングー川のコリドラス・アエネウスの体長

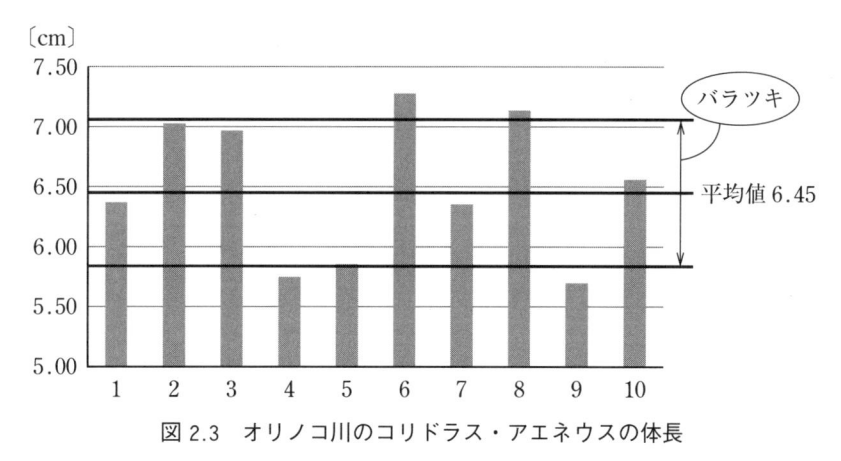

図2.3　オリノコ川のコリドラス・アエネウスの体長

分散や標準偏差で計算されるデータのバラツキとは、平均値からどのくらいの幅でデータが分布しているかを表しています。バラツキといっても、データの最大値から最小値までカバーするわけではありません。

練習問題

次のデータの平均 $\bar{x}$・分散 s^2・標準偏差 s を求めましょう。

1 南米に生息するアロワナの体長

No.	アロワナの体長
1	105 cm
2	108 cm
3	100 cm
4	107 cm
5	106 cm
6	101 cm

2 アマゾン川に生息するルビーテトラの体長

No.	ルビーテトラの体長
1	2.59 cm
2	2.58 cm
3	2.50 cm
4	2.52 cm
5	2.55 cm
6	2.53 cm

3 アフリカのコンゴ川に生息するタイガーフィッシュの体重

No.	タイガーフィッシュの体重
1	60.5 kg
2	62.8 kg
3	66.5 kg
4	62.6 kg
5	68.6 kg
6	62.4 kg

第3章
2変数のグラフ

　第1章と第2章では1変数のデータについて学びました。
　しかしながら、世の中のデータは様々な要因が複雑に絡み合って構成されています。いくつかの情報が互いにどんな関係にあるのかを調べることは、世の中の複雑な現象を調べる上でとても大切です。
　そうはいっても、一度にたくさんの要因の関係性について調べることはとても難しい問題です。
　第3章では、2つのデータ間の関係性について、グラフを使って調べる方法を学びます。

3-1
2つの変数の関係を表す散布図

表 3.1 は、ある学術調査でアマゾン川に生息するコリドラス・アエネウスの体長と体重を調べた結果得られたデータです。

表 3.1　コリドラス・アエネウスの体長と体重

No.	体長	体重
1	5.8 cm	3.61 g
2	5.9 cm	3.65 g
3	5.5 cm	3.61 g
4	6.1 cm	3.66 g
5	6.2 cm	3.62 g
6	6.0 cm	3.65 g
7	5.9 cm	3.62 g
8	5.7 cm	3.62 g
9	6.0 cm	3.63 g
10	6.3 cm	3.67 g

体長と体重。対応関係がありそうだニャ

うんうん

このとき、体長と体重の間にはどのような関係性があるでしょうか。一般的には体長が長くなれば体重も大きくなりそうですが…

このようなときは、まずデータのグラフ化です。

表 3.1 を見ると各データは体長と体重がペアになっているので、横軸に体長、縦軸に体重をとってグラフ化してみましょう。このグラフ化したものが図 3.1 です。このグラフが**散布図**とよばれるものです。

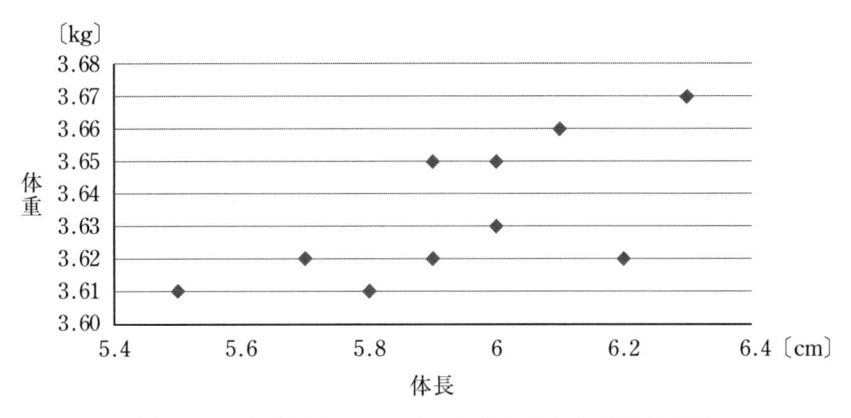

図3.1 コリドラス・アエネウスの体長と体重の散布図

　図3.1を見ると、なんとなくデータが右上がりに分布しているのがわかりますね。このことから、体長が長いと体重が大きくなるという関係性が予想されます。
　表3.2は広大なアマゾン川に生息する様々な種類のコリドラスの平均体長と1回の産卵で生みつけられる卵の数の平均産卵数を調べたデータです。

表3.2　コリドラスの平均体長と平均産卵数

コリドラスの種類	平均体長	平均産卵数
アエネウス	5.8 cm	109 個
セミアキルス	7.5 cm	41 個
アドルフォイ	5.1 cm	92 個
セルラトゥス	7.4 cm	52 個
ナルキキッス	10.8 cm	18 個
エレガンス	4.9 cm	103 個
ハスタートゥス	2.8 cm	206 個
コチュイ	2.6 cm	161 個
コンコロール	6.2 cm	104 個
ハブロスス	2.9 cm	216 個

コリドラスの平均体長と1回の産卵で産みつけられる卵の数の間にはどんな関係性があるのでしょうか。横軸に平均体長、縦軸に平均産卵数をとって散布図を描いてみましょう。

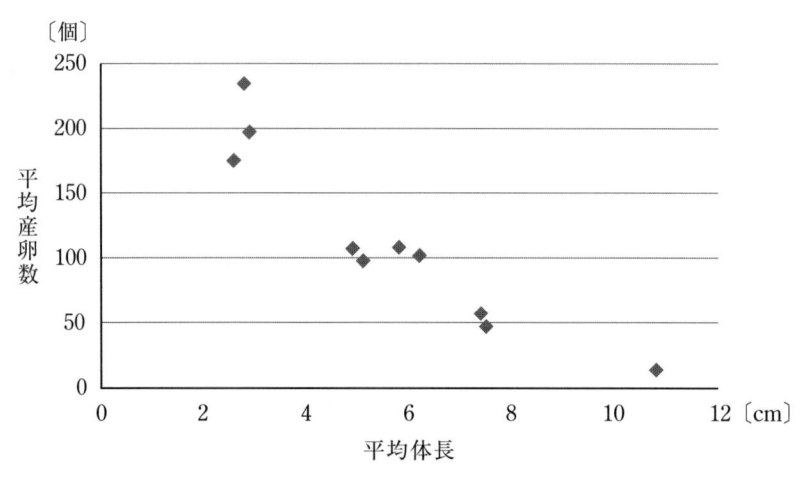

図 3.2　コリドラスの平均体長と平均産卵数

　図 3.2 は、右下がりにデータが分布しているのがわかりますね。
　つまり、体長の大きいコリドラスは1回に産みつける卵の数が少なく、逆に体長の小さいコリドラスは1回に産みつける卵の数が多いという関係性が予想されます。

　表 3.3 は、様々な種類のコリドラスの体長の平均と背ビレの長さの平均を調べたデータです。

表3.3 コリドラスの平均体長と平均背ビレ長

コリドラスの種類	平均体長	平均背ビレ長
アエネウス	5.8 cm	1.51 cm
セミアキルス	7.5 cm	1.58 cm
アドルフォイ	5.1 cm	1.54 cm
セルラトゥス	7.4 cm	1.54 cm
ナルキッス	5.5 cm	1.59 cm
エレガンス	4.9 cm	1.57 cm
ナイスニィ	5.0 cm	1.58 cm
シミリス	5.9 cm	1.51 cm
コンコロール	6.2 cm	1.52 cm
メリーニ	5.2 cm	1.51 cm

先ほどと同じように、横軸に平均体長、縦軸に平均背ビレ長をとって散布図を描いてみましょう。

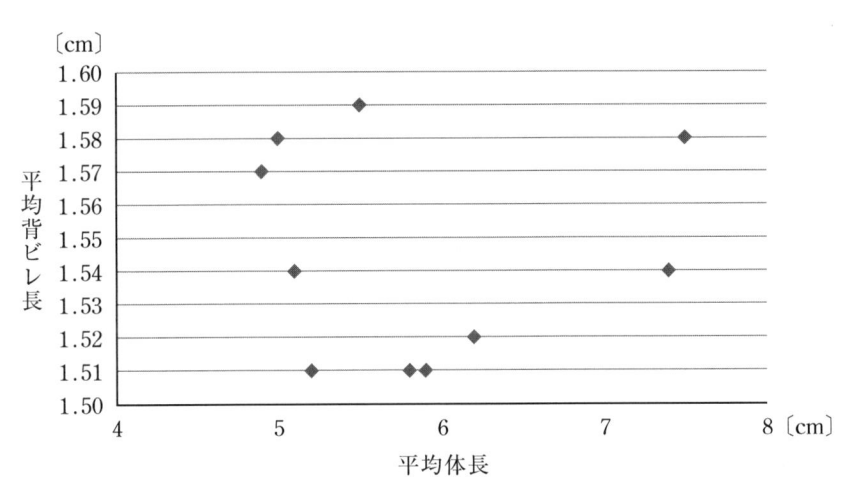

図3.3 コリドラスの平均体長と平均背ビレ長

図3.3からは、右上がりや右下がりといった関係性は見受けられません。満遍なくデータがちらばっているように予想されます。

以上の3つの例から、ペアになっているデータを散布図で表現したとき、図3.4のように3通りのパターンがあることがわかりました。

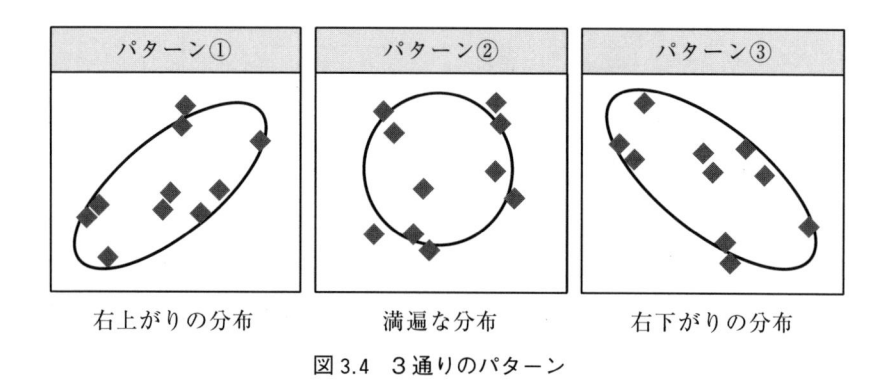

パターン①	パターン②	パターン③
右上がりの分布	満遍な分布	右下がりの分布

図3.4　3通りのパターン

この3通りのパターンにはそれぞれ次のような名前がついています。

① **右上がり** ──────────────── **正の相関**
② **右上がりでも右下がりでもない** ──── **無相関**
③ **右下がり** ──────────────── **負の相関**

①正の相関と③負の相関には、ペアになっている2つのデータの間にある何らかの関係性を表現しているように思えますね。

このようにペアになっている2つのデータが与えられたときに、それらを散布図というグラフ表現することによりペアになっている2つのデータの間の関係性について調べることができます。

3-2 正の相関と散布図

表3.4のコリドラス・アエネウスの体長と体重のデータを見てみましょう。

表3.4 コリドラス・アエネウスの体長と体重

No.	体長	体重
1	5.8 cm	3.61 g
2	5.9 cm	3.65 g
3	5.5 cm	3.61 g
4	6.1 cm	3.66 g
5	6.2 cm	3.62 g
6	6.0 cm	3.65 g
7	5.9 cm	3.62 g
8	5.7 cm	3.62 g
9	6.0 cm	3.63 g
10	6.3 cm	3.67 g

このデータは表3.1とおなじだニャ〜

おなじデータを使っていろいろ分析してみよう

表3.4のデータで散布図を描くと図3.5のようになりました。

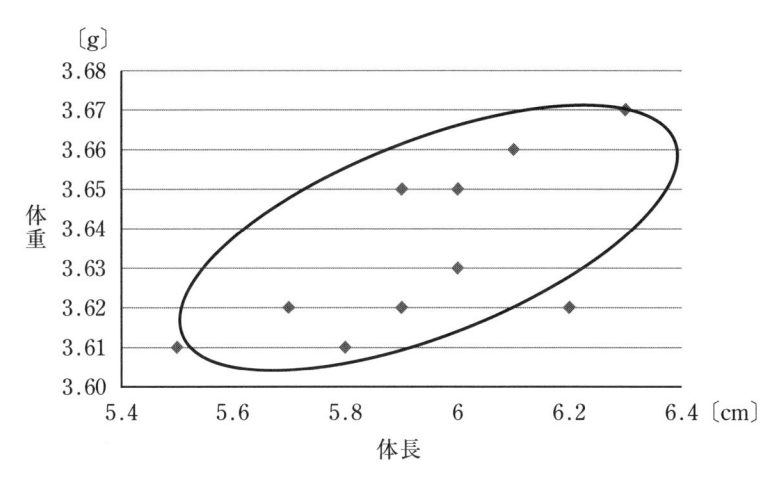

図3.5 コリドラス・アエネウスの体長と体重

このように散布図が右上がりに分布しているとき、コリドラスの体長と体重の間には正の相関があるといいます。

次のデータも見てみましょう。表3.5はアマゾン川に生息しているプレコストムスの一種の体長と体重のデータです。

表3.5 プレコストムスの体長と体重

No.	体長	体重
1	15.8 cm	23.1 g
2	17.6 cm	32.4 g
3	17.5 cm	25.5 g
4	15.3 cm	25.0 g
5	16.3 cm	26.9 g
6	17.6 cm	24.2 g
7	15.1 cm	23.5 g
8	18.5 cm	29.9 g
9	17.7 cm	32.2 g
10	15.1 cm	20.2 g

今までと同様に横軸に体長、縦軸に体重をとって散布図を描くと、図3.6のようになります。

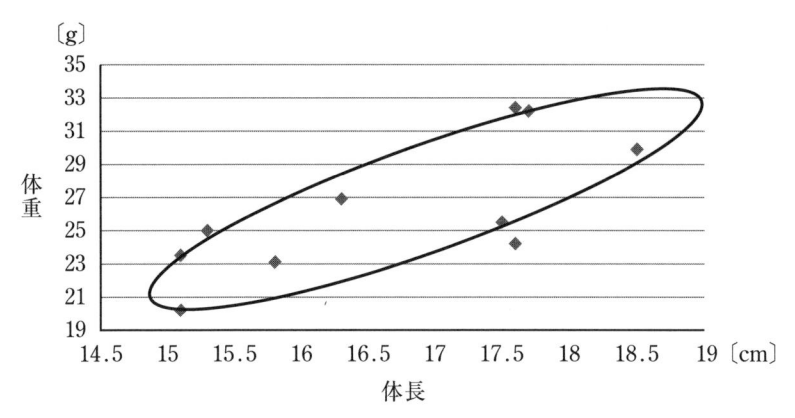

図3.6 プレコストムスの体長と体重

コリドラスのデータのときより、幾分か細長く見えますね。このように散布図が右上がりに分布して見えるときには、正の相関があるといえます。

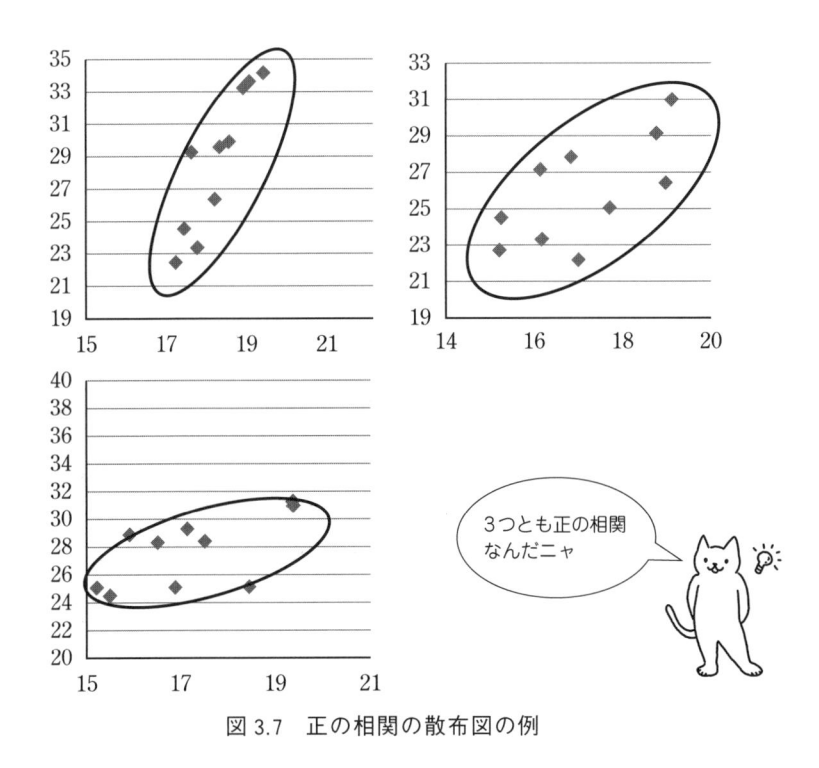

図 3.7　正の相関の散布図の例

　図 3.7 の散布図はすべて正の相関の分布ですが、その分布の仕方は様々です。人によって、その判断の基準も異なってくるでしょう。もう少し客観的に相関関係を判断する方法はないものでしょうか。その方法は次の第 4 章で学びます。

3-3 負の相関と散布図

表3.6のコリドラスの体長と平均産卵数のデータを見てみましょう。

表3.6 コリドラスの平均体長と平均産卵数

コリドラスの種類	平均体長	平均産卵数
アエネウス	5.8 cm	109 個
セミアキルス	7.5 cm	41 個
アドルフォイ	5.1 cm	92 個
セルラトゥス	7.4 cm	52 個
ナルキキッス	10.8 cm	18 個
エレガンス	4.9 cm	103 個
ハスタートゥス	2.8 cm	206 個
コチュイ	2.6 cm	161 個
コンコロール	6.2 cm	104 個
ハブロスス	2.9 cm	216 個

このデータは表3.2とおなじだニャ〜

表3.6のデータで散布図を描くと図3.8のようになりました。

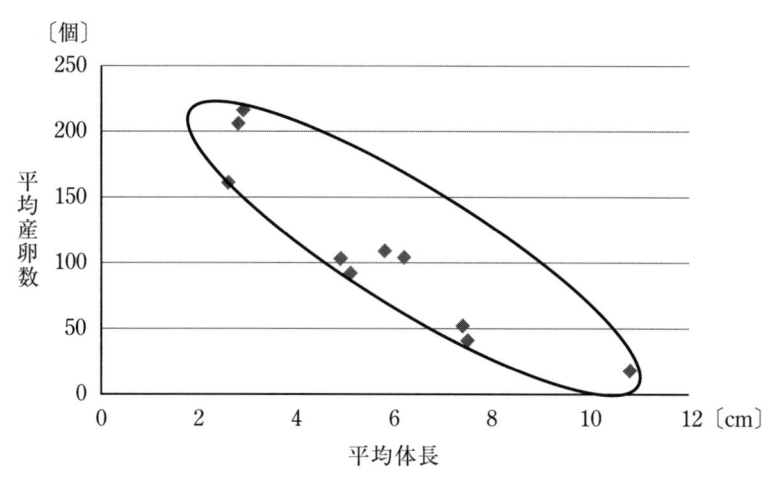

図3.8 コリドラスの平均体長と平均産卵数

このように散布図が右下がりに分布しているとき、コリドラスの体長と平均産卵数の間には負の相関があるといいます。

もう1つ別のデータを見てみましょう。

コリドラスは群れを作って行動することが知られていますが、色々な種類のコリドラスを調べたところ、その平均体長によって何匹で群れを作るかが異なるそうです。

表3.7は色々なコリドラスの平均体長と群れを作るときの匹数を表しているデータです。

表3.7 コリドラスの平均体長と群れの匹数

コリドラスの種類	平均体長	群れを作る匹数
アエネウス	5.8 cm	12匹
セミアキルス	7.5 cm	2匹
アドルフォイ	5.1 cm	10匹
セルラトゥス	7.4 cm	3匹
ナルキキッス	10.8 cm	1匹
エレガンス	4.9 cm	15匹
ハスタートゥス	2.8 cm	30匹
コチュイ	2.6 cm	35匹
コンコロール	6.2 cm	20匹
ハブロスス	2.9 cm	29匹

このデータを横軸に平均体長、縦軸に群れの匹数をとって、散布図を描くと図3.9のようになります。

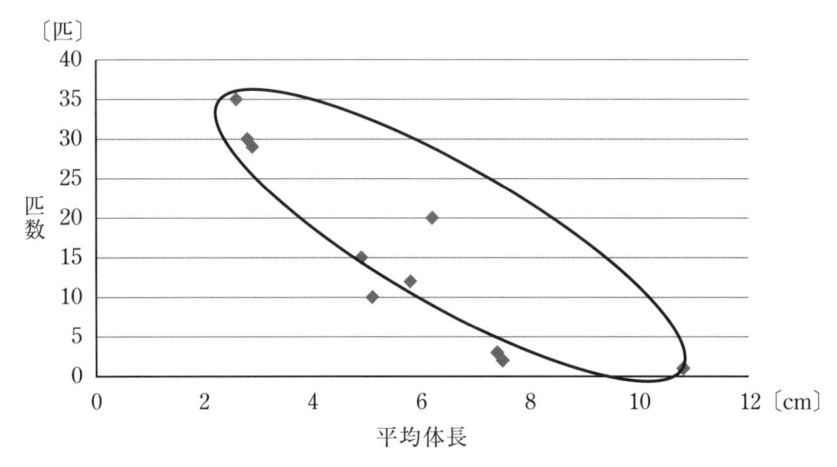

図 3.9　コリドラスの平均体長と群れの匹数

図 3.9 から、体長の長い種類はあまり群れを作らないように思えますね。

このように散布図が右下がりに分布して見えるときには、すべて負の相関があるといえます。

column

コリドラスには骨格の違いにより大きく分けてショートノーズとロングノーズと2種類のタイプがあります。主にロングノーズの方がショートノーズより大きくなる傾向があるようです。また、ショートノーズより体の小さいピグミータイプが存在したり、ショートノーズとロングノーズの中間的な骨格のセミロングノーズとよばれるタイプも存在します。

図 3.10 負の相関の散布図の例

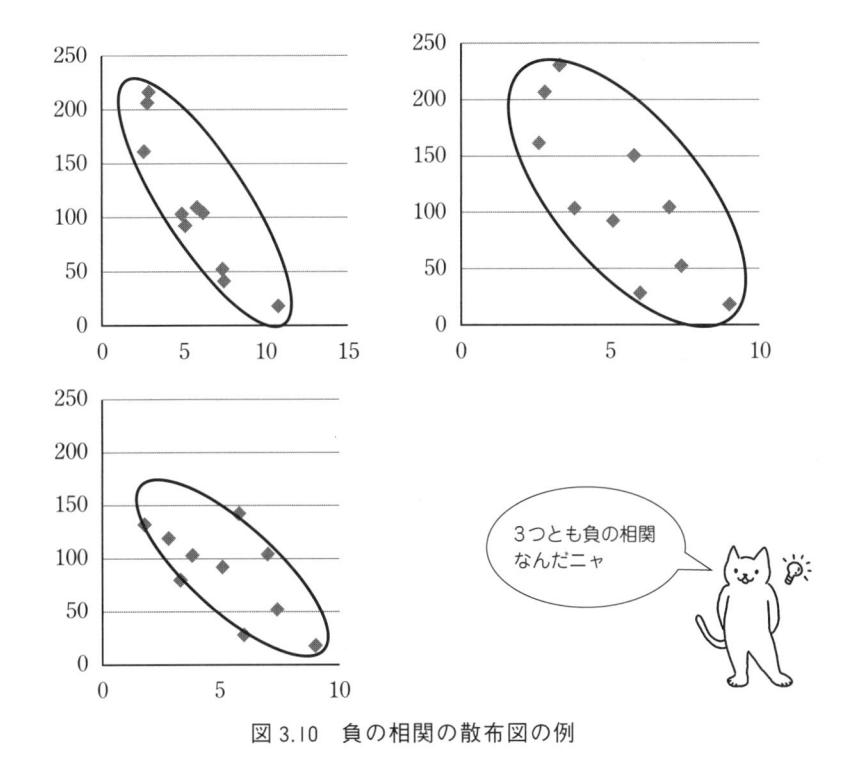

　図 3.10 の散布図はすべて負の相関の分布ですが、その分布の仕方は様々です。人によって、その判断の基準も異なってくるでしょう。もう少し客観的に相関関係を判断する方法はないものでしょうか。その方法は次の第 4 章で学びます。

練習問題 🐳

次のデータの散布図を作成して、どんな相関があるか判定しましょう。

1 ある穀物の気温と収穫量のデータです。この穀物の収穫量と気温の間にはどんな相関があるでしょうか。

No.	気温	穀物の収穫量
1	28 °C	30 t
2	17 °C	22 t
3	5 °C	10 t
4	10 °C	11 t
5	22 °C	25 t
6	14 °C	22 t
7	30 °C	24 t
8	20 °C	15 t

2 ある漁場の海底の水温と漁獲量のデータです。海底の水温と漁獲量の間にはどんな相関があるでしょうか。

年	海底の水温	漁獲量
1998 年	25.4 °C	39.3 t
1999 年	21.5 °C	44.9 t
2000 年	20.3 °C	47.5 t
2001 年	26.6 °C	36.4 t
2002 年	18.6 °C	53.3 t
2003 年	25.9 °C	37.5 t
2004 年	19.8 °C	48.4 t
2005 年	26.2 °C	36.9 t

3 色々な場所で観察されたサメとイワシのふ化率のデータです。サメのふ化率とイワシのふ化率の間には相関があるでしょうか。

場所	サメのふ化率	イワシのふ化率
A 海岸	41.5%	94.1%
B 湾	45.5%	79.1%
C 岬	94.2%	19.5%
D 湾	67.2%	92.5%
E 港	38.5%	8.9%
F 海岸	15.4%	93.3%
G 海岸	88.4%	85.6%
H 湾	14.6%	11.5%
I 港	62.4%	6.1%

📖 コリドラス図鑑

コリドラスとは、ナマズ目カリクティス科コリドラス亜科コリドラス属に分類される熱帯魚です。本書でも登場する代表的な3種を紹介します。

コリドラス・ステルバイ

ブラジルのグアポレ川に生息しています。
白黒のツートンカラーに胸びれのオレンジ色がさえる美しい種類です。

コリドラス・アエネウス

南米全般に生息しています。
地域によって色合いが異なるところが面白い種類です。

コリドラス・コンコロール

ベネズエラのパルグアザ川に生息しています。
頭部から尾びれにかけてのグラデーションが魅力的な種類です。

第4章
2変数の統計量

　第3章では、正の相関と負の相関について学びました。散布図が右上がりであれば正の相関があるといい、散布図が右下がりであれば負の相関があるといいましたね。
　ところが、これらはあくまで見た目でしかありません。人によって意見が異なるかもしれません。もっと客観的な数値で表すことができないでしょうか。
　そこで考え出されたのが相関係数と共分散です。
　第4章では相関係数や共分散といった2変数の統計量について学びます．

4-1 相関係数

2つの変数の関係を表す指標で相関係数とよばれるものがあります。

公式　相関係数

No.	データ x_i	データ y_i
1	x_1	y_1
2	x_2	y_2
⋮	⋮	⋮
$N-1$	x_{N-1}	y_{N-1}
N	x_N	y_N

左記のようなペアになったデータが与えられたときの相関係数 r は次のように計算します。

$$r = \frac{(x_1-\bar{x})(y_1-\bar{y}) + \cdots + (x_N-\bar{x})(y_N-\bar{y})}{\sqrt{(x_1-\bar{x})^2 + \cdots + (x_N-\bar{x})^2}\sqrt{(y_1-\bar{y})^2 + \cdots + (y_N-\bar{y})^2}}$$

また、相関係数 r はその性質上

$$-1 \leq r \leq 1$$

の値を取ります。

相関係数 r と散布図の関係は、以下の通りです。

強い負の相関	負の相関	無相関	正の相関	強い正の相関
$r \fallingdotseq -1$	$-1 < r < 0$	$r \fallingdotseq 0$	$0 < r < 1$	$r \fallingdotseq 1$

図 4.1　相関係数 r と散布図の関係

一般的に相関係数の値とその表現については、図4.2のようになっています。

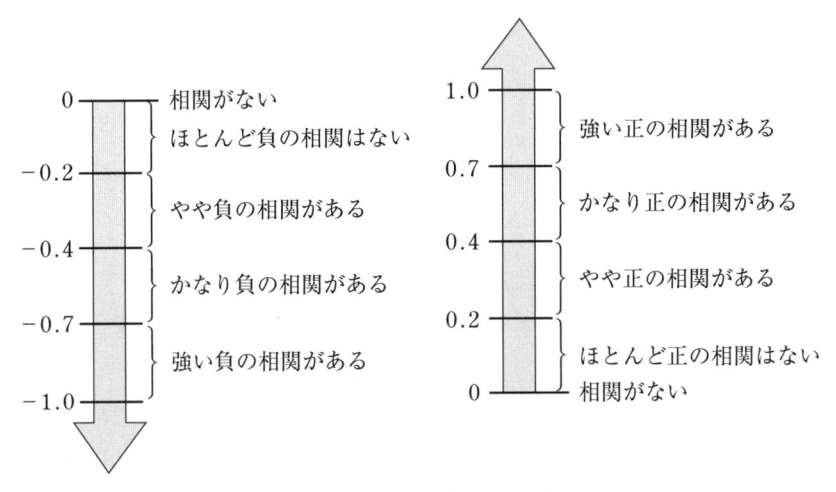

図4.2 相関係数の値とその強さ

例題 4-1

コリドラス・アエネウスの体長と体重の相関関係を調べましょう。

表4.1 コリドラス・アエネウスの体長と体重

No.	体長	体重
1	5.8 cm	3.61 g
2	5.9 cm	3.65 g
3	5.5 cm	3.61 g
4	6.1 cm	3.66 g
5	6.2 cm	3.62 g
6	6.0 cm	3.65 g
7	5.9 cm	3.62 g
8	5.7 cm	3.62 g
9	6.0 cm	3.63 g
10	6.3 cm	3.67 g

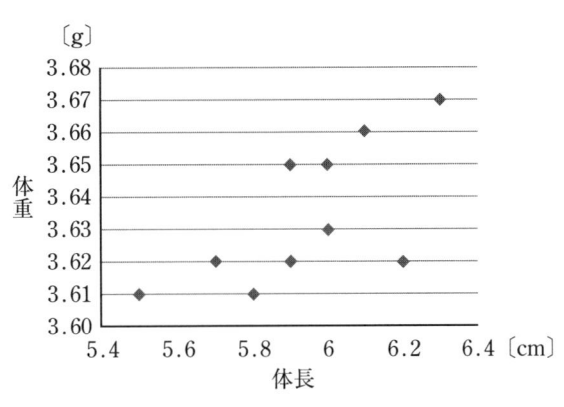

図4.3 コリドラス・アエネウスの体長と体重の散布図

Step1　体長の平均 $\bar{x}$ と体重の平均 $\bar{y}$ を求める

$$\bar{x} = \frac{5.8+5.9+5.5+6.1+6.2+6.0+5.9+5.7+6.0+6.3}{10}$$

$$= 5.940$$

$$\bar{y} = \frac{3.61+3.65+3.61+3.66+3.62+3.65+3.62+3.62+3.63+3.67}{10}$$

$$= 3.634$$

Step2　相関係数の分子を計算

$(5.8-5.94)\times(3.61-3.634)+(5.9-5.94)\times(3.65-3.646)$
$+(5.5-5.94)\times(3.61-3.634)+(6.1-5.94)\times(3.66-3.634)$
$+(6.2-5.94)\times(3.62-3.634)+(6.0-5.94)\times(3.65-3.634)$
$+(5.9-5.94)\times(3.62-3.634)+(5.7-5.94)\times(3.62-3.634)$
$+(6.0-5.94)\times(3.63-3.634)+(6.3-5.94)\times(3.67-3.634)$
$=0.03140$

Step3　相関係数の分母を計算

$$\sqrt{\begin{aligned}&(5.8-5.94)^2+(5.9-5.94)^2+(5.5-5.94)^2+(6.1-5.94)^2\\&+(6.2-5.94)^2+(6.0-5.94)^2+(5.9-5.94)^2+(5.7-5.94)^2\\&+(6.0-5.94)^2+(6.3-5.94)^2\end{aligned}}$$

$$\times\sqrt{\begin{aligned}&(3.61-3.634)^2+(3.65-3.646)^2+(3.61-3.634)^2\\&+(3.66-3.634)^2+(3.62-3.634)^2+(3.65-3.634)^2\\&+(3.62-3.634)^2+(3.62-3.634)^2+(3.63-3.634)^2\\&+(3.67-3.634)^2\end{aligned}}$$

$$=0.04623$$

Step4　相関係数 r を計算

$$r = \frac{0.03140}{0.04623} = 0.6792$$

図 4.2 を参照してください。かなり正の相関があるといえます。

例題 4-2

プレコストムスの体長と体重の相関関係を調べましょう。

表4.2 プレコストムスの体長と体重

No.	体長	体重
1	15.8 cm	23.1 g
2	17.6 cm	32.4 g
3	17.5 cm	25.5 g
4	15.3 cm	25.0 g
5	16.3 cm	26.9 g
6	17.6 cm	24.2 g
7	15.1 cm	23.5 g
8	18.5 cm	29.9 g
9	17.7 cm	32.2 g
10	15.1 cm	20.2 g

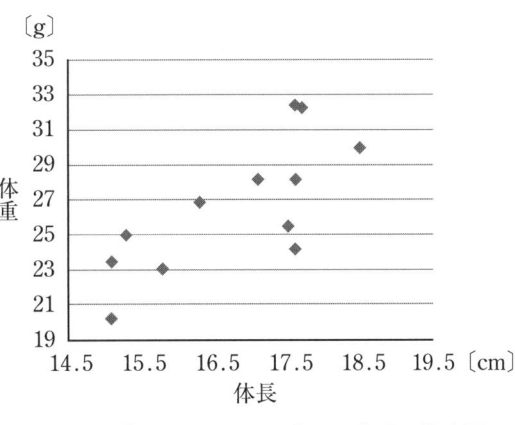

図4.4 プレコストムスの体長と体重の散布図

Step1 体長の平均 $\bar{x}$ と体重の平均 $\bar{y}$ を求める

$$\bar{x}=\frac{15.8+17.6+17.5+15.3+16.3+17.6+15.1+18.5+17.7+15.1}{10}=16.65$$

$$\bar{y}=\frac{23.1+32.4+25.5+25.0+26.9+24.2+23.5+29.9+32.2+20.2}{10}=26.29$$

Step2 相関係数の分子を計算

$$(15.8-16.65)\times(23.1-26.29)+(17.6-16.65)\times(32.4-26.29)+\cdots$$
$$+(15.1-16.65)\times(20.2-26.29)=34.04$$

Step3 相関係数の分母を計算

$$\sqrt{(15.8-16.65)^2+(17.6-16.65)^2+\cdots+(15.1-16.65)^2}$$
$$\times\sqrt{(23.1-26.29)^2+(32.4-26.29)^2+\cdots+(20.2-26.29)^2}$$
$$=46.27$$

Step4 相関係数 r を計算

$$r = \frac{34.04}{46.27} = 0.7357$$

図 4.2 を参照してください。強い正の相関があるといえますね。

✏ 例題 4-3

コリドラスの平均体長と平均産卵数の相関関係を調べましょう。

表 4.3 コリドラスの平均体長と平均産卵数

No.	平均体長	平均産卵数
1	5.8 cm	109 個
2	7.5 cm	41 個
3	5.1 cm	92 個
4	7.4 cm	52 個
5	10.8 cm	18 個
6	4.9 cm	103 個
7	2.8 cm	206 個
8	2.6 cm	161 個
9	6.2 cm	104 個
10	2.9 cm	216 個

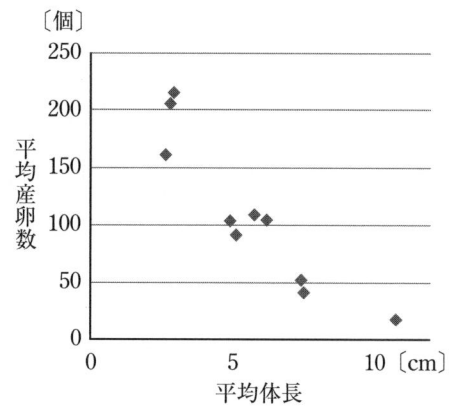

図 4.5 コリドラスの平均体長と平均産卵数の散布図

直接、相関係数を求めましょう。

$$r = \frac{(5.8-5.6) \times (109-110.2) + \cdots + (2.9-5.6) \times (216-110.2)}{\sqrt{(5.8-5.6)^2 + \cdots + (2.9-5.6)^2} \sqrt{(109-110.2)^2 + \cdots + (216-110.2)^2}}$$

$$= -0.9172$$

図 4.2 を参照してください。強い負の相関があるといえます。

例題 4-4

コリドラスの平均体長と群れの匹数の相関関係を調べましょう。

表 4.4 コリドラスの平均体長と群れの匹数

No.	平均体長	群れの匹数
1	5.8 cm	12 匹
2	7.5 cm	2 匹
3	5.1 cm	10 匹
4	7.4 cm	3 匹
5	10.8 cm	1 匹
6	4.9 cm	15 匹
7	2.8 cm	30 匹
8	2.6 cm	35 匹
9	6.2 cm	20 匹
10	2.9 cm	29 匹

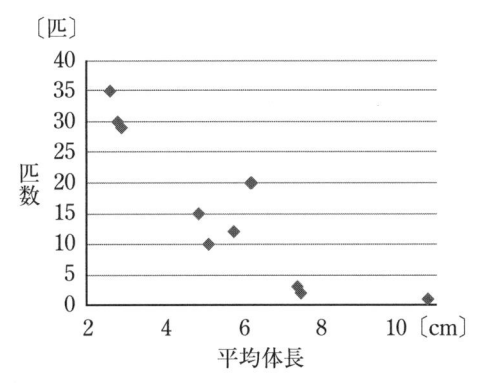

図 4.6 コリドラスの平均体長と群れの匹数の散布図

直接、相関係数を求めましょう。

$$r = \frac{(5.8-5.6)(12-15.7)+\cdots+(2.9-5.6)(29-15.7)}{\sqrt{(5.8-5.6)^2+\cdots+(2.9-5.6)^2}\sqrt{(12-15.7)^2+\cdots+(29-15.7)^2}}$$

$$= -0.8876$$

図 4.2 を参照してください。強い負の相関があるといえますね。

column

相関係数の計算は、手計算でするのは時間がかかるので、計算の練習をする場合は電卓を使い、計算方法が理解できれば、あとはエクセル等の表計算ソフトで求めましょう。

4-2 共分散

相関係数 r の公式をもう1度見てみましょう。

$$r = \frac{(x_1-\bar{x})(y_1-\bar{y})+\cdots+(x_N-\bar{x})(y_N-\bar{y})}{\sqrt{(x_1-\bar{x})^2+\cdots+(x_N-\bar{x})^2}\sqrt{(y_1-\bar{y})^2+\cdots+(y_N-\bar{y})^2}}$$

この式を次のように式変形してみます。

$$r = \frac{\dfrac{(x_1-\bar{x})(y_1-\bar{y})+\cdots+(x_N-\bar{x})(y_N-\bar{y})}{N-1}}{\dfrac{\sqrt{(x_1-\bar{x})^2+\cdots+(x_N-\bar{x})^2}\sqrt{(y_1-\bar{y})^2+\cdots+(y_N-\bar{y})^2}}{N-1}}$$

$$= \frac{\dfrac{(x_1-\bar{x})(y_1-\bar{y})+\cdots+(x_N-\bar{x})(y_N-\bar{y})}{N-1}}{\sqrt{\dfrac{(x_1-\bar{x})^2+\cdots+(x_N-\bar{x})^2}{N-1}}\sqrt{\dfrac{(y_1-\bar{y})^2+\cdots+(y_N-\bar{y})^2}{N-1}}}$$

ここで $N-1 = \sqrt{N-1}\sqrt{N-1}$ という式変形を使っています。

すると、分母のルートの中の式は第2章で学んだ分散の形になっていることに気がつきます。わざわざ式変形をして分母に分散の形を作ったということは、分子の方にも何か意味がありそうですね。

実は、この分子の式が**共分散**とよばれているものなのです。

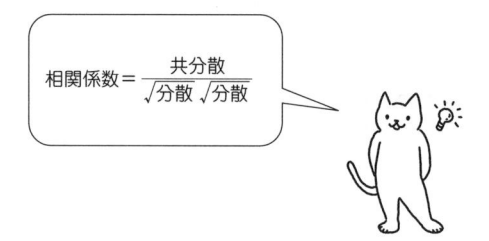

$$\text{相関係数} = \frac{\text{共分散}}{\sqrt{\text{分散}}\sqrt{\text{分散}}}$$

公式　共分散

No.	データ x_i	データ y_j
1	x_1	y_1
2	x_2	y_2
⋮	⋮	⋮
$N-1$	x_{N-1}	y_{N-1}
N	x_N	y_N

左記のようなデータが与えられたときの共分散 s_{xy} は次のように計算します。

$$s_{xy}=\frac{(x_1-\bar{x})(y_1-\bar{y})+\cdots+(x_N-\bar{x})(y_N-\bar{y})}{N-1}$$

式中の記号の意味は以下のとおり

　$\bar{x}$：データ x_i の平均値

　$\bar{y}$：データ y_j の平均値

共分散の式は分散の式とよく似ているニャ

4-3 相関係数の意味

第 2 章で分散は、データのバラツキ具合を表しているということを学びました。では、相関係数はどのようなものを表しているのでしょうか。

それには、データをベクトルとしてみなすと、相関係数の意味を理解することが出来ます。

p. 44 の相関係数の公式で示したデータ x_i とデータ y_j は表 4.5 となっていました。

表 4.5　2 変数のデータ

No.	データ x_i	データ y_j
1	x_1	y_1
2	x_2	y_2
⋮	⋮	⋮
N	x_N	y_N

データ x_i とデータ y_j の各データをひとまとまりとみなすと、次のようにデータ x_i がベクトル $\vec{x}$ に、データ y_j がベクトル $\vec{y}$ とみなすことができます。

No.	データ x_i
1	x_1
2	x_2
⋮	⋮
N	x_N

⇒ $\vec{x} = (x_1, x_2, \cdots, x_N)$

No.	データ y_j
1	y_1
2	y_2
⋮	⋮
N	y_N

⇒ $\vec{y} = (y_1, y_2, \cdots, y_N)$

図 4.7　データとベクトルの対応

これらのベクトルを同じ始点を持つベクトルとみなすと、図 4.8 のように図示することができます。

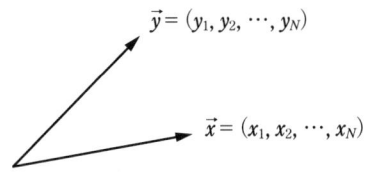

図 4.8　$\vec{x}$ と $\vec{y}$ の位置関係

一般的に、2 つのベクトル $\vec{x}$ と $\vec{y}$ が与えられたとき、一番気になることは 2 つのベクトルのなす角です。

2 つのベクトルのなす角を θ とおくと、次の関係式が成り立ちます。

$$\cos\theta = \frac{\vec{x}\cdot\vec{y}}{\|\vec{x}\|\cdot\|\vec{y}\|}$$

ここで、$\vec{x}\cdot\vec{y}$ は 2 つの $\vec{x}$ と $\vec{y}$ の**内積**を表し、$\|\vec{x}\|$ と $\|\vec{y}\|$ はそれぞれの大きさ（ベクトルの長さ）を表しています。

ここに、$\vec{x}=(x_1, x_2, \cdots, x_N)$ と $\vec{y}=(y_1, y_2, \cdots, y_N)$ を代入すると次のような式になります。

$$\cos\theta = \frac{x_1 y_1 + x_2 y_2 + \cdots + x_N y_N}{\sqrt{x_1^2 + x_2^2 + \cdots + x_N^2}\sqrt{y_1^2 + y_2^2 + \cdots + y_N^2}}$$

この式は相関係数 r の式とよく似ていますね。

また、$\cos\theta$ は $-1 \leq \cos\theta \leq 1$ という性質があることからも、相関係数 r は $\cos\theta$ の一種であるということがわかります。

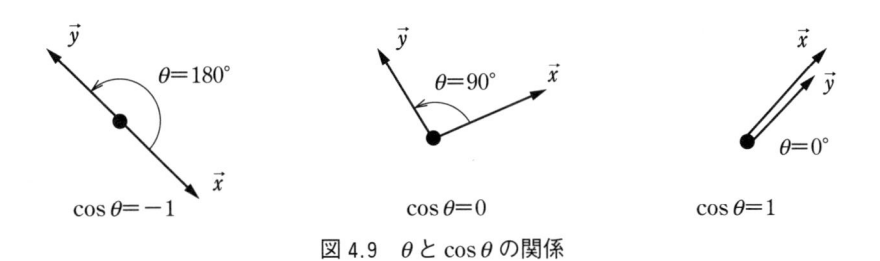

図 4.9　θ と $\cos\theta$ の関係

練習問題

次のデータの相関係数 r を計算しましょう。

1 ある穀物の気温と収穫量のデータです。この穀物の収穫量と気温の相関係数 r を求めましょう。

No.	気温	穀物の収穫量
1	28 ℃	30 t
2	17 ℃	22 t
3	5 ℃	10 t
4	10 ℃	11 t
5	22 ℃	25 t
6	14 ℃	22 t
7	30 ℃	24 t
8	20 ℃	15 t

2 ある漁場の海底の水温と漁獲量のデータです。海底の水温と漁獲量の相関係数 r を求めましょう。

年	海底の水温	漁獲
1998 年	25.4 ℃	39.3 t
1999 年	21.5 ℃	44.9 t
2000 年	20.3 ℃	47.5 t
2001 年	26.6 ℃	36.4 t
2002 年	18.6 ℃	53.3 t
2003 年	25.9 ℃	37.5 t
2004 年	19.8 ℃	48.4 t
2005 年	26.2 ℃	36.9 t

第5章
回帰分析

　第3章と第4章では、散布図と相関係数について学びました。たとえば、2つのデータ x と y が強い正の相関を持つ場合、散布図は右上がりの分布となりました。このことは、大まかにいうと x が増えると y も増えていると考えられますね。

　すると、与えられたデータ以外のところにも同様に点が分布していると予想されますね。つまり、データ x とデータ y の間にある関係式が見えてくるのです。

　これを回帰分析といいます。回帰分析では、2つのデータの間に直線の関係式を導き出すことです。

　この直線は回帰直線とよばれ、データの予測に用いられます。

　第5章では回帰直線について学びます。

5-1 回帰直線の切片と傾き

表5.1はコリドラス・アエネウスの体長と体重のデータです。

表5.1 コリドラス・アエネウスの体長と体重

No.	体長	体重
1	5.8 cm	3.61 g
2	5.9 cm	3.65 g
3	5.5 cm	3.61 g
4	6.1 cm	3.66 g
5	6.2 cm	3.62 g
6	6.0 cm	3.65 g
7	5.9 cm	3.62 g
8	5.7 cm	3.62 g
9	6.0 cm	3.63 g
10	6.3 cm	3.67 g

第3章で扱ったデータとおなじものだニャ〜

表5.1のデータの散布図は、図5.1のようになりました。

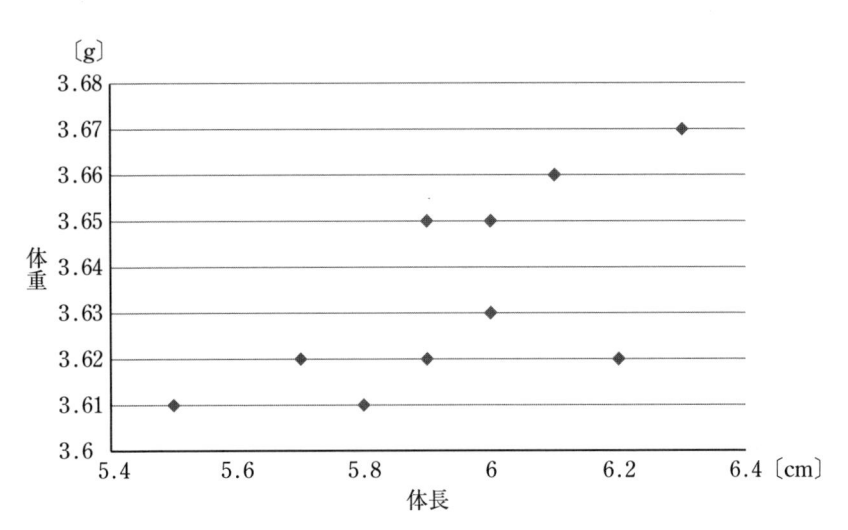

図5.1 コリドラス・アエネウスの体長と体重

p.46 で求めたとおり、このデータの相関係数 $r=0.6792$ なので、かなり正の相関があります。ここでは、このデータにあてはまる直線の式を考えてみましょう。それが回帰直線です。

回帰直線とは次のような式です。
$$y = a + bx$$
回帰直線はその名の通り、直線であるので係数である a と b の値が求まれば、回帰直線を1つ決めることが出来ます。

この a と b はそれぞれ

a ———— **切片**　または　**定数項**
b ———— **傾き**　または　**回帰係数**

とよばれています。

回帰直線は散布図を貫く直線になりますが、どのように引かれるべきでしょうか。

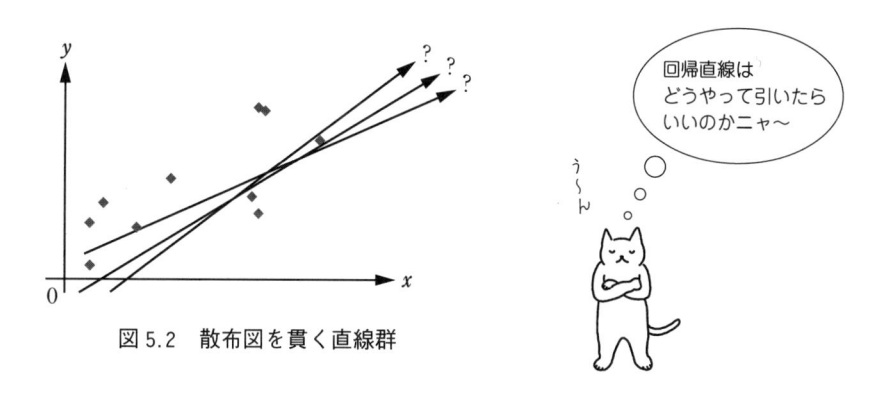

図 5.2　散布図を貫く直線群

回帰直線はデータの予測などにも用いられるため、データに良く当てはまっていないといけません。

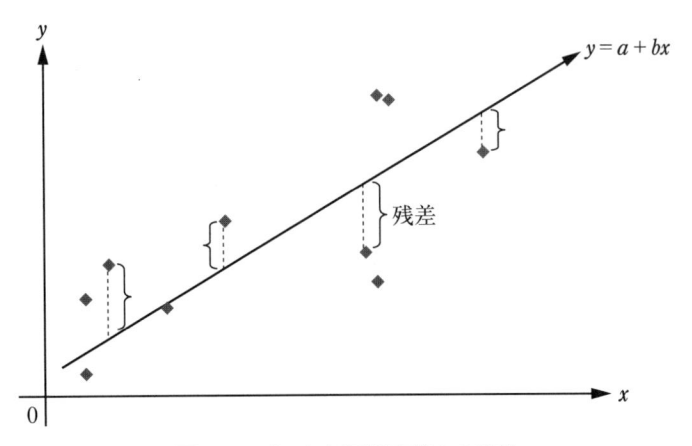

図5.3　データと回帰直線との残差

　データの間を縫うように回帰直線を引くのですから、データと回帰直線との差が一番小さくなるように引くことができれば、データをよく表しているといえそうですね。このようなデータと回帰直線との差を**残差**といいます。
　それでは、このデータと回帰直線との残差はどのようにすれば小さくできるでしょうか。
　実は、データと回帰直線との残差が最も小さくなる切片 a と傾き b は次のように求められます。

残差を最小にする切片aと傾きbを求めればいいんだニャ

公式　切片と傾き

No.	データ x_i	データ y_j
1	x_1	y_1
2	x_2	y_2
⋮	⋮	⋮
N	x_N	y_N

左記のようなデータが与えられたとき回帰直線の切片 a と傾き b は次のように計算します。

$$\text{切片}\ a = \frac{\left(\sum_{i=1}^{N} x_i^2\right)\left(\sum_{i=1}^{N} y_i\right) - \left(\sum_{i=1}^{N} x_i y_i\right)\left(\sum_{i=1}^{N} x_i\right)}{N\left(\sum_{i=1}^{N} x_i^2\right) - \left(\sum_{i=1}^{N} x_i\right)^2}$$

$$\text{傾き}\ b = \frac{N\left(\sum_{i=1}^{N} x_i y_i\right) - \left(\sum_{i=1}^{N} x_i\right)\left(\sum_{i=1}^{N} y_i\right)}{N\left(\sum_{i=1}^{N} x_i^2\right) - \left(\sum_{i=1}^{N} x_i\right)^2}$$

例題 5-1

表 5.2 のデータの回帰直線を求めましょう。

表 5.2　コリドラスの体長と体重

No.	体長	体重
1	5.8 cm	3.61 g
2	5.9 cm	3.65 g
3	5.5 cm	3.61 g
4	6.1 cm	3.66 g
5	6.2 cm	3.62 g
6	6.0 cm	3.65 g
7	5.9 cm	3.62 g
8	5.7 cm	3.62 g
9	6.0 cm	3.63 g
10	6.3 cm	3.67 g

計算に慣れてない人にとって、回帰直線の切片 a と傾き b を求めるのはなかなか大変です。そこで、データを直接的に式に代入するのではなく、表5.3 のように事前に計算の準備をしておくことで、ミスも減って計算が楽になります。この方法は、他の計算でも使えるのでやり方を覚えておきましょう。

表5.3 回帰直線を求める準備

No.	x	y	x^2	xy
1	5.8	3.61	33.64	20.938
2	5.9	3.65	34.81	21.535
3	5.5	3.61	30.25	19.855
4	6.1	3.66	37.21	22.326
5	6.2	3.62	38.44	22.444
6	6.0	3.65	36.00	21.900
7	5.9	3.62	34.81	21.358
8	5.7	3.62	32.49	20.634
9	6.0	3.63	36.00	21.780
10	6.3	3.67	39.69	23.121
合計	59.4	36.34	353.34	215.891

ここまでくれば後は公式に求めた値を代入するだけです。

$$\text{切片 } a = \frac{353.34 \times 36.34 - 215.891 \times 59.4}{10 \times 353.34 - 59.4^2} = 3.264$$

$$\text{傾き } b = \frac{10 \times 215.891 - 59.4 \times 36.34}{10 \times 353.34 - 59.4^2} = 0.06230$$

したがって、回帰直線の式は

$$y = 3.264 + 0.0623x$$

となることがわかります。

5-2 回帰直線による予測

　回帰直線はデータによく当てはまった式として扱われます。このことから、回帰直線を使って未知のデータを知りたくなってきます。

　アマゾン川で発見された新種のコリドラスの平均体長を測定したところ 9.5 cm であることがわかりました。これまでの研究から様々な種類のコリドラスの平均体長と平均産卵数がわかっていますので、このコリドラスの平均産卵数が予測できないでしょうか。
　まずは、表 5.4 の様々な種類のコリドラスの平均体長と平均産卵数のデータから回帰直線を求めてみましょう。

表5.4　コリドラスの平均体長と平均産卵数

コリドラスの種類	平均体長	平均産卵数
アエネウス	5.8 cm	109 個
セミアキルス	7.5 cm	41 個
アドルフォイ	5.1 cm	92 個
セルラトゥス	7.4 cm	52 個
ナルキッシス	10.8 cm	18 個
エレガンス	4.9 cm	103 個
ハスタートゥス	2.8 cm	206 個
コチュイ	2.6 cm	161 個
コンコロール	6.2 cm	104 個
ハブロスス	2.9 cm	216 個

　計算するときは、例題 5-1 と同じように回帰直線を求めるための準備の表を作成してから計算しましょう。

表5.5 回帰直線を求める準備

コリドラスの種類	x	y	x^2	xy
アエネウス	5.8	109	33.64	632.2
セミアキルス	7.5	41	56.25	307.5
アドルフォイ	5.1	92	26.01	469.2
セルラトゥス	7.4	52	54.76	384.8
ナルキキッス	10.8	18	116.64	194.4
エレガンス	4.9	103	24.01	504.7
ハスタートゥス	2.8	206	7.84	576.8
コチュイ	2.6	161	6.76	418.6
コンコロール	6.2	104	38.44	644.8
ハブロスス	2.9	216	8.41	626.4
合　計	56	1102	372.76	4759.4

ここまでくれば後は公式に求めた値を代入するだけです。

$$切片\ a=\frac{372.76\times1102-4759.4\times56}{10\times372.76-56^2}=243.8$$

$$傾き\ b=\frac{10\times4759.4-56\times1102}{10\times372.76-56^2}=-23.86$$

したがって、回帰直線の式は

$$y=243.8-23.86x$$

となることがわかります。

それでは、この回帰直線に新種のコリドラスの体長のデータを代入してみましょう。

$$y=243.8-23.86\times9.5$$
$$=17.13$$

つまり、新種のコリドラスの平均産卵数は約17個と予測されますね。
　このように回帰直線を求めることで、未知のデータや新しいデータが加わったときの予測をすることができます。

練習問題

次のデータから回帰直線を求めましょう。

1 ある穀物の気温と収穫量のデータ

No.	気温	穀物の収穫量
1	28 ℃	30 t
2	17 ℃	22 t
3	5 ℃	10 t
4	10 ℃	11 t
5	22 ℃	25 t
6	14 ℃	22 t
7	30 ℃	24 t
8	20 ℃	15 t

2 ある漁場の海底の水温と漁獲量のデータ

No.	海底の水温	漁獲量
1	25.4 ℃	39.3 t
2	21.5 ℃	44.9 t
3	20.3 ℃	47.5 t
4	26.6 ℃	36.4 t
5	18.6 ℃	53.3 t
6	25.9 ℃	37.5 t
7	19.8 ℃	48.4 t
8	26.2 ℃	36.9 t

第6章
データの要約

　第1章から第5章までは、1つのデータをグラフにしたり、2つのデータ間の関係性を調べました。
　では、データを理論と結びつけるようにして、その性質を詳しく調べられないでしょうか。
　第6章では、データと理論を結びつける第一歩である度数分布表とヒストグラムについて学びます。

6-1 度数分布表

データの特徴を詳しく調べるには、データの要約が必要になります。

たとえば、スーパーで販売されている鮮魚を考えてみましょう。一匹ずつパックにつめて売る場合、できるだけ同じ大きさと重さである方が販売し易いですよね。

そうするとスーパー側は、水揚げされた魚のうちどのくらいの大きさのものがどのくらい獲れているか気になってきます。大きさによって用途を分けて加工したりパックに詰めたり、販売計画を立てやすくなりますね。

そこで便利なのが**度数分布表**とよばれるものです。

公式 度数分布表

階級	階級値	度数	相対度数	累積度数	累積相対度数
$a_0 \sim a_1$	m_1	f_1	$\dfrac{f_1}{N}$	f_1	$\dfrac{f_1}{N}$
$a_1 \sim a_2$	m_2	f_2	$\dfrac{f_2}{N}$	$f_1 + f_2$	$\dfrac{f_1 + f_2}{N}$
$\vdots$	$\vdots$	$\vdots$	$\vdots$	$\vdots$	$\vdots$
$a_{n-1} \sim a_n$	m_n	f_n	$\dfrac{f_n}{N}$	$f_1 + f_2 + \cdots + f_n$	$\dfrac{f_1 + f_2 + \cdots + f_n}{N}$
合計		N	1		

階級や度数とは何でしょうか？　これだけではどうやってこの表を作ればよいのか、よくわかりませんね。例題6-1で用語の説明を交えながら度数分布表の作り方を見ていきましょう。

度数分布表の作り方がわかれば、おのずとその見方や使い方もわかってきます。そうすると与えられたデータに対して、度数分布表を作ることでデータの様子や特徴をすぐに捉えることができます。

例題 6-1

A漁港で水揚げされたサバの大きさをすべて測定したところ表6.1のようになりました。このデータから度数分布表を作成してみましょう。

表6.1 A漁港で水揚げされたサバの体長

No.	サバの体長	No.	サバの体長	No.	サバの体長
1	25.9 cm	21	28.3 cm	41	22.8 cm
2	24.2 cm	22	26.7 cm	42	26.9 cm
3	27.6 cm	23	24.5 cm	43	28.0 cm
4	24.7 cm	24	25.3 cm	44	27.3 cm
5	24.8 cm	25	27.4 cm	45	25.9 cm
6	25.6 cm	26	25.1 cm	46	23.3 cm
7	23.3 cm	27	29.6 cm	47	25.3 cm
8	22.5 cm	28	27.2 cm	48	26.7 cm
9	26.0 cm	29	25.1 cm	49	24.0 cm
10	28.3 cm	30	24.4 cm	50	23.9 cm
11	25.6 cm	31	28.8 cm	51	26.5 cm
12	24.9 cm	32	28.9 cm	52	26.5 cm
13	24.1 cm	33	25.7 cm	53	26.4 cm
14	27.9 cm	34	28.5 cm	54	25.1 cm
15	25.8 cm	35	26.5 cm	55	25.1 cm
16	23.5 cm	36	25.2 cm	56	26.4 cm
17	26.7 cm	37	25.5 cm	57	26.8 cm
18	23.7 cm	38	23.0 cm	58	28.4 cm
19	24.9 cm	39	25.4 cm	59	23.2 cm
20	26.6 cm	40	24.7 cm	60	23.8 cm

Step1 データの中から最大値と最小値を探す

　度数分布表を作るうえできりのよい数の方が表を作りやすいので、最大値と最小値はそれぞれ切り上げ、切捨てしておきます。

　すると、次のようになります。

　　　最大値　29.6 cm　→　30.0 cm

　　　最小値　22.5 cm　→　22.0 cm

Step2 最大値と最小値の差を計算

　最大値と最小値の差を**範囲** R とよんでいます。よって、
$$R = 30 - 22 = 8$$
となります。

　次に、この R を n 個の等間隔に分割します。この間隔を**階級**といいます。範囲 R をいくつに分けるかは個人の自由ですが、ここでは $n=8$ としましょう。n を求める公式として次の**スタージェスの公式**

$$n ≒ 1 + \frac{\log_{10} N}{\log_{10} 2} \quad N はデータの数$$

というものがあります。自分で階級の数を決められない場合は、この公式を使って n を決めるとよいでしょう。

Step3 階級を求める

$$a_0 \sim a_1 \qquad a_0 = 最小値$$
$$ \qquad a_1 = a_0 + \frac{R}{n}$$
$$a_1 \sim a_2 \qquad a_2 = a_1 + \frac{R}{n}$$
$$\vdots \qquad\qquad \vdots$$
$$a_{n-1} \sim a_n \qquad a_n = a_{n-1} + \frac{R}{n}$$

> 階級の決め方はいろいろあるんだニャ

表6.1のデータをこのやり方に当てはめると、8個の階級は次のように計算することができます。

$a_0 \sim a_1$　　$a_0 = 22.0$

　　　　　　$a_1 = 22.0 + \dfrac{8}{8} = 22.0 + 1.0 = 23.0$

$a_1 \sim a_2$　　$a_2 = 23.0 + \dfrac{8}{8} = 23.0 + 1.0 = 24.0$

$a_2 \sim a_3$　　$a_3 = 24.0 + \dfrac{8}{8} = 24.0 + 1.0 = 25.0$

$a_3 \sim a_4$　　$a_4 = 25.0 + \dfrac{8}{8} = 25.0 + 1.0 = 26.0$

$a_4 \sim a_5$　　$a_5 = 26.0 + \dfrac{8}{8} = 26.0 + 1.0 = 27.0$

$a_5 \sim a_6$　　$a_6 = 27.0 + \dfrac{8}{8} = 27.0 + 1.0 = 28.0$

$a_6 \sim a_7$　　$a_7 = 28.0 + \dfrac{8}{8} = 28.0 + 1.0 = 29.0$

$a_7 \sim a_8$　　$a_8 = 29.0 + \dfrac{8}{8} = 29.0 + 1.0 = 30.0$

Step4　階級値を求める

階級値は階級の真ん中の値です。

$$m_1 = \frac{a_0 + a_1}{2}$$

$$m_2 = \frac{a_1 + a_2}{2}$$

$$\vdots$$

$$m_n = \frac{a_{n-1} + a_n}{2}$$

階級値ってなにかニャ〜

なんだろう

よって、各階級の階級値を求めると次のようになります。

$$m_1 = \frac{a_0 + a_1}{2} = \frac{22.0 + 23.0}{2} = 22.5$$

$$m_2 = \frac{a_1 + a_2}{2} = \frac{23.0 + 24.0}{2} = 23.5$$

$$m_3 = \frac{a_2 + a_3}{2} = \frac{24.0 + 25.0}{2} = 24.5$$

$$m_4 = \frac{a_3 + a_4}{2} = \frac{25.0 + 26.0}{2} = 25.5$$

$$m_5 = \frac{a_4 + a_5}{2} = \frac{26.0 + 27.0}{2} = 26.5$$

$$m_6 = \frac{a_5 + a_6}{2} = \frac{27.0 + 28.0}{2} = 27.5$$

$$m_7 = \frac{a_6 + a_7}{2} = \frac{28.0 + 29.0}{2} = 28.5$$

$$m_8 = \frac{a_7 + a_8}{2} = \frac{29.0 + 30.0}{2} = 29.5$$

Step5 階級ごとに度数を求める

度数とは、得られたデータのうち各階級に含まれるデータの個数です。たとえば、この例題の場合、最初の階級は 22.0〜23.0 なので、サバの体長のデータのうち、体長が 22.0 cm 以上 23.0 cm 未満のものを数えます。

すると、No.2 と No.41 の 2 つあるとわかりますので、階級 22.0〜23.0 の度数は 2 となるわけです。

他の階級についても数え上げると表 6.2 のようになります。

> 度数の合計を総度数というんだニャ

表 6.2　A港で水揚げされたサバの体長の度数

階　級	度　数
22.0〜23.0	2
23.0〜24.0	8
24.0〜25.0	10
25.0〜26.0	15
26.0〜27.0	12
27.0〜28.0	5
28.0〜29.0	7
29.0〜30.0	1

度数の合計はデータの個数に一致するよ

サバ

Step6　度数分布表を作る

相対度数は全体に対する度数の割合、**累積度数**は度数を階級の上から順に加えていったもの、**累積相対度数**は相対度数を階級の上から順に加えていったものです。これを踏まえて Step1 から Step5 までの結果をまとめて**度数分布表**を作ると表6.3のようになります。

表 6.3　A漁港のサバの体長の度数分布表

階級	階級値	度数	相対度数	累積度数	累積相対度数
22.0〜23.0	22.5	2	0.03	2	0.03
23.0〜24.0	23.5	8	0.13	10	0.16
24.0〜25.0	24.5	10	0.17	20	0.33
25.0〜26.0	25.5	15	0.25	35	0.58
26.0〜27.0	26.5	12	0.20	47	0.78
27.0〜28.0	27.5	5	0.08	52	0.86
28.0〜29.0	28.5	7	0.12	59	0.98
29.0〜30.0	29.5	1	0.02	60	1.00
合計		60	1		

6-2 ヒストグラム

度数分布表をグラフ化したものが**ヒストグラム**とよばれているものです。6-1 節で作成したサバの体長の度数分布表をヒストグラムにしましょう。

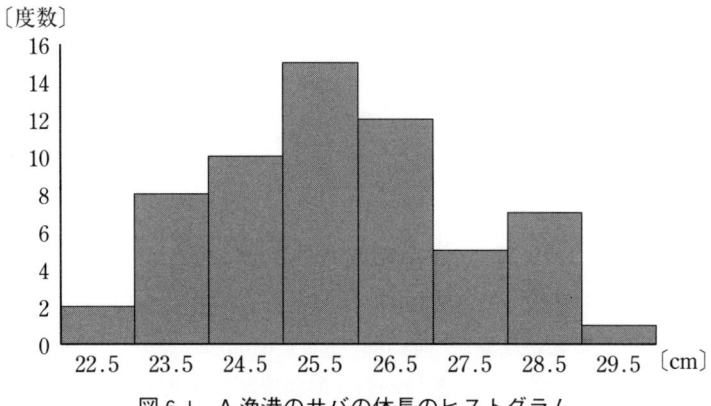

図 6.1　A 漁港のサバの体長のヒストグラム

すると、このデータについて、次の 3 つの特徴を見出すことができます。
① データは階級値 25.5 の階級に一番多く存在している
　　→ データの中心は約 25.5 cm といえる
② データの大部分は 23.5 cm～28.5 cm の間に散らばっている
　　→ データのばらつきの幅がわかる
③ データはほぼ左右対称な形をしている
　　→ データの予測に役立つ

例題 6-1 ではデータの個数が 60 でしたが、もっとたくさんのデータを集めた場合にヒストグラムはどうなるでしょうか。

スタージェスの公式から、データの数が増えると階級の数が増えるので、各階級の幅が狭くなります。

このことは図 6.2 を見るとよくわかります。

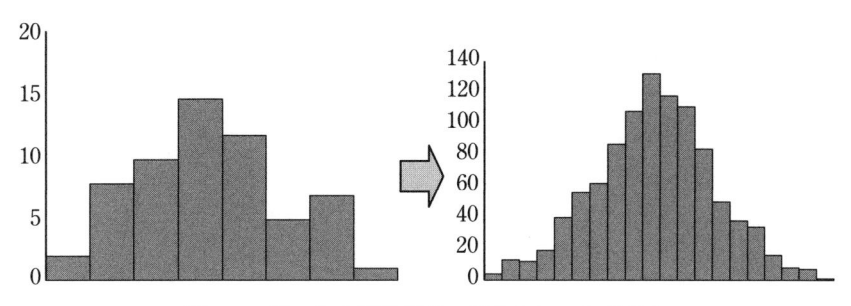

図 6.2　データの個数が多い場合のヒストグラム

　ここから予想できることは、データの個数をどんどん増やしていくと、図6.3のように次第にヒストグラムはなめらかな曲線へと近付いくことが予想されます。

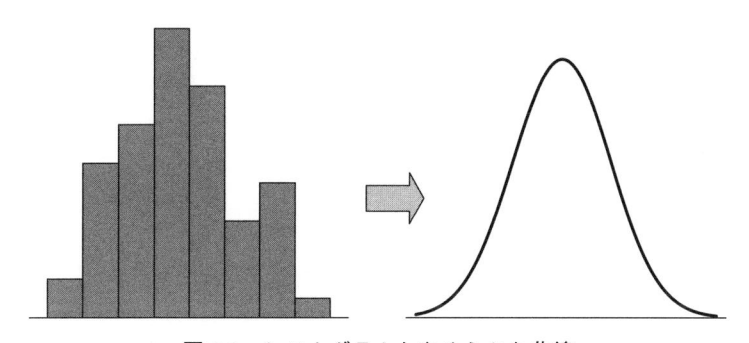

図 6.3　ヒストグラムとなめらかな曲線

　第8章で学びますが、なめらかな曲線の分布を**連続確率分布**とよんでいます。統計においてデータがこのような、なめらかな曲線の場合は、データの分布がある関数で表現できることがあります。

　このようなときは、データの特徴がほぼ完全に把握できるので、データをかなり詳しく調べることができます。そのとき問題となるのは、自分が注目しているデータがどんな関数で表現できるか、ということになります。それさえわかってしまえば、そのデータの特徴はほぼ判明したも同然です。

練習問題

次のデータの度数分布表とヒストグラムを作成しましょう。

1 コリドラスの体長のデータ

No.	体　長	No.	体　長	No.	体　長
1	5.4 cm	11	7.8 cm	21	2.3 cm
2	3.7 cm	12	6.2 cm	22	6.4 cm
3	7.1 cm	13	4.0 cm	23	7.5 cm
4	4.2 cm	14	4.8 cm	24	6.8 cm
5	4.3 cm	15	6.9 cm	25	5.4 cm
6	5.1 cm	16	4.6 cm	26	2.8 cm
7	2.8 cm	17	9.1 cm	27	4.8 cm
8	2.1 cm	18	6.7 cm	28	6.2 cm
9	5.5 cm	19	4.6 cm	29	3.5 cm
10	7.8 cm	20	3.9 cm	30	3.4 cm

2 アジの体重のデータ

No.	体　重	No.	体　重	No.	体　重
1	204 g	11	279 g	21	211 g
2	239 g	12	185 g	22	203 g
3	184 g	13	242 g	23	210 g
4	199 g	14	238 g	24	227 g
5	184 g	15	196 g	25	260 g
6	206 g	16	191 g	26	208 g
7	209 g	17	226 g	27	246 g
8	249 g	18	235 g	28	243 g
9	236 g	19	238 g	29	203 g
10	214 g	20	218 g	30	226 g

第7章
離散確率分布

　第6章では、データと理論を結びつける第一歩として度数分布表とヒストグラムを学びました。
　第7章では、確率変数についての簡単な導入と、とびとびの値を取る離散確率分布について学びます。

7-1 確率と確率分布

雨が降る確率や地震が起こる確率など、世の中には「○○の確率」とよばれる現象がたくさんありますが、そもそも**確率**とはいったいどのようなものなのでしょうか。数学的な確率の定義は以下の通りです。

> **確率の定義**
>
> 標本空間 Ω の各事象 A に対して次の3つの条件を満たす実数 $P(A)$ が対応させられるとき、その値 $P(A)$ を事象 A の起こる確率といいます。各事象 A に対して確率が与えられる標本空間を確率空間といいます。
>
> ① 任意の事象 A に対して、$0 \leq P(A) \leq 1$
> ② $P(全事象)=1$、 $P(空集合)=0$
> ③ 事象 A と B が互いに排反、即ち $A \cap B = \phi$（空集合）ならば、以下の関係が成立する。
> $$P(A \cup B) = P(A) + P(B)$$

この確率の定義と次のヒストグラムを対応させてみましょう。

表7.1 A港のサバの体長の度数分布表

階級	階級値	度数	相対度数	累積度数	累積相対度数
22.0～23.0	22.5	2	0.03	2	0.03
23.0～24.0	23.5	8	0.13	10	0.16
24.0～25.0	24.5	10	0.17	20	0.33
25.0～26.0	25.5	15	0.25	35	0.58
26.0～27.0	26.5	12	0.20	47	0.78
27.0～28.0	27.5	5	0.08	52	0.86
28.0～29.0	28.5	7	0.12	59	0.98
29.0～30.0	29.5	1	0.02	60	1.00
合計		60	1		

度数分布表において確率に相当するところは**相対度数**です。実際に確率の定義を満たしているか確かめましょう。

　この場合の事象とはサバの体長のことなので、各階級が各事象にあたります。つまり、階級 22.0～23.0 の起こる確率 $P(22.0～23.0)$ は次のように表せます。

$$P(22.0～23.0) = 0.03 \geqq 0$$

その他のすべての階級についても同様に表せます。

$$P(23.0～24.0) = 0.13 \geqq 0$$
$$P(24.0～25.0) = 0.17 \geqq 0$$
$$\vdots$$
$$P(29.0～30.0) = 0.02 \geqq 0$$

したがって、すべての確率は 0 より大きい値です。よって、確率の定義①を満たしています。

　次に階級 22.0～23.0 と階級 23.0～24.0 の起こる確率は

$$P(22.0～23.0 \cup 23.0～24.0)$$
$$= P(22.0～23.0) + P(23.0～24.0)$$
$$= 0.03 + 0.13$$
$$= 0.16$$

であるので、確率の定義③を満たしていることがわかります。

　最後に全事象の確率 $P(全事象)$ についてです。全事象とはすべての事象のことですので、すべての階級の確率を合計すればよいわけです。

$$P(全事象) = P(22.0～23.0) + P(23.0～24.0) + \cdots + P(29.0～30.0)$$
$$= 0.03 + 0.13 + \cdots + 0.02$$
$$= 1$$

全事象の確率は 1 となったので、確率の定義②が満たされています。

以上のことから、この度数分布表の相対度数が確率の定義を満たしていることがわかります。

　表7.1をもう一度見てみましょう。先ほどは、各事象として各階級を考えましたが、これは階級値で代替させても同じです。よって、階級値に対して、確率を対応させることが出来ます。

　つまり、
$$P(22.5)=0.03$$
のように表現しても確率の定義は満たされます。

　一方で階級値は22.5、23.5のように取る値が変化するので、変数とみなすことができます。

　このように確率が対応している変数を**確率変数 X** とよびます。確率の値を p と書くことにすると、確率変数 X が値 x となる確率が p であるので、確率変数と確率の関係は、次のように表現できます。
$$P(X=x)=p$$

> 確率変数と確率の対応を
> 確率分布というニャ

column

　統計が始まって以来、研究者達は世の中のデータがどんな分布の形をしているか徹底的に調べてきました。その結果、様々な確率分布が発見され、実際のデータが当てはめられています。当初は、高性能な計算機もなかったので、膨大な量のデータを手計算で行っていましたが、今ではそのほとんどがパソコンに記憶され、誰でも自由に使うことができるようになっています。

7-2 離散確率分布

7-1節で求めた確率変数と確率の関係を表にまとめてみると表7.2のようになります。

表7.2 確率変数と確率の表

確率変数 $X=x$	確率 $P(X=x)$
22.5	0.03
23.5	0.13
24.5	0.17
25.5	0.25
26.5	0.20
27.5	0.08
28.5	0.12
29.5	0.02

これは表7.1の度数分布表をまとめたものだニャ

このように、とびとびの値をとる確率変数を **離散確率変数** とよび、表7.2を **離散確率分布** とよびます。

一般に、離散確率分布が表7.3のように与えられているとします。
このとき

$$E(X) = x_1 p_1 + x_2 p_2 + \cdots + x_n p_n$$

を確率変数 X の **平均** または **期待値** とよび μ で表します。

$$\mathrm{Var}(X) = (x_1-\mu)^2 p_1 + (x_2-\mu)^2 p_2 + \cdots + (x_n-\mu)^2 p_n$$

を確率変数 X の **分散** とよび σ^2 で表します。

表7.3 一般の離散確率分布

確率変数 $X=x$	確率 $P(X=x)$
x_1	p_1
x_2	p_2
$\vdots$	$\vdots$
x_n	p_n

そして、分散の平方根 $\sqrt{\mathrm{Var}(X)}$ を確率変数 X の**標準偏差**とよび σ で表します。

離散確率分布の例として最も有名なものが **2 項分布**です。

---
2 項分布の定義

確率変数 X が $0, 1, 2, \cdots, n$ の値をとるとき、その確率が
$$P(X=x) = \binom{n}{x} p^x (1-p)^{n-x} \qquad (0 < p < 1)$$
で与えられる確率分布を 2 項分布 $B(n, p)$ といいます。

$$\binom{n}{x} = {}_nC_x = \frac{n!}{x!(n-x)!}$$

2 項分布の有名な例はコイン投げです。10 円玉を n 回投げて、オモテの出る回数を x とするとその確率は次のように表されます。

$$P(X=x) = \binom{n}{x} \left(\frac{1}{2}\right)^x \left(1-\frac{1}{2}\right)^{n-x} = \binom{n}{x} \left(\frac{1}{2}\right)^n$$

この場合、$p = \frac{1}{2}$ としています。これは 10 円玉を投げたときに、オモテの出る確率は $\frac{1}{2}$ だからです。

たとえば、10 円玉を 10 回投げた時のオモテの出る回数を 6 回とします。その時の確率を上の式に当てはめて計算すると次のようになります。

$$\begin{aligned}
P(X=6) &= \binom{10}{6} \left(\frac{1}{2}\right)^6 \left(1-\frac{1}{2}\right)^{10-6} = \binom{10}{6} \left(\frac{1}{2}\right)^{10} = {}_{10}C_6 \times \left(\frac{1}{2}\right)^{10} \\
&= \frac{10 \cdot 9 \cdot 8 \cdot 7 \cdot 6 \cdot 5}{6 \cdot 5 \cdot 4 \cdot 3 \cdot 2 \cdot 1} \times \frac{1}{1024} \\
&= 210 \times \frac{1}{1024} \\
&= \frac{105}{512}
\end{aligned}$$

練習問題

離散確率分布を作成しましょう。

1 次のデータは、第 6 章の練習問題 2 で使ったアジの体重のデータです。第 6 章で作成した度数分布表を参考にして、このデータの離散確率分布を作成しましょう。

No.	体重
1	204 g
2	239 g
3	184 g
4	199 g
5	184 g
6	206 g
7	209 g
8	249 g
9	236 g
10	214 g

No.	体重
11	279 g
12	185 g
13	242 g
14	238 g
15	196 g
16	191 g
17	226 g
18	235 g
19	238 g
20	218 g

No.	体重
21	211 g
22	203 g
23	210 g
24	227 g
25	260 g
26	208 g
27	246 g
28	243 g
29	203 g
30	226 g

第8章
連続確率分布

　第7章までは、データはとびとびの値をとっていました。ところで、世の中のデータはすべてとびとびの値しかとれないのでしょうか。

　もちろん私たちがデータとして見ている値はとびとびの数値でしか見ていないので、あたかも世の中にはそのような、とびとびの値しかないように思われてしまうかもしれません。

　しかし、生物の体長などのように時間とともに大きさが変化するものなどは、連続的に変化しているはずです。

　第8章では、連続的に変化する確率変数とはどういうものかについて学びます。

8-1 連続確率分布とは

世の中のデータがすべてとびとびの値しか取れないということはありませんね。たとえば、人間の身長が 150 cm から 170 cm になる過程においては、150 から 170 の間のすべての実数値をとって変化しているはずです。

このように変化をする確率変数を**連続確率変数**といいます。また、連続確率変数の確率分布を**連続確率分布**といいます。

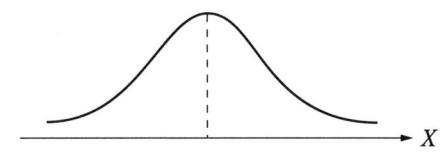

図 8.1 　連続確率分布のグラフ

確率変数 X の区間 $a \leq X \leq b$ に対して、確率 $P(a \leq X \leq b)$ は図 8.2 の網かけの部分の面積になります。

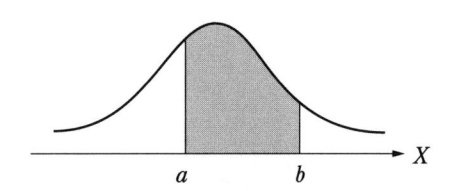

図 8.2 　連続確率変数の確率

では、面積はどのようにして求めればよいでしょうか。それには積分が必要になります。そして、積分するためには分布の曲線を表す関数が必要です。

この分布の曲線を表す関数のことを**確率密度関数 $f(x)$** といいます。

面積と確率はイコールだニャ

連続確率変数の確率 $P(a \leq X \leq b)$ は次のように表せます。

$$P(a \leq X \leq b) = \int_b^a f(x)\,dx$$

ここで、p. 76 の確率の定義を思い出してください。全ての事象の確率は 1 でした。それを上記の積分の式にあてはめると次のようになります。

$$P(\text{全事象}) = \int_{-\infty}^{+\infty} f(x)\,dx = 1$$

この等式はどんな確率密度関数 $f(x)$ に対しても成り立つので覚えておくとよいでしょう。

それでは、離散確率変数のときと同じように連続確率変数 X の平均、分散、標準偏差の計算式を見てみましょう。

$$E(X) = \int_{-\infty}^{+\infty} x f(x)\,dx$$

を **連続確率変数 X の平均** または **期待値** といいます。

この値は記号 μ で表すこともあります。

$$\mathrm{Var}(X) = \int_{-\infty}^{+\infty} (x - \mu)^2 f(x)\,dx$$

を **連続確率変数 X の分散** といいます。

この値は記号 σ^2 で表すこともあります。

そして、分散の平方根 $\sqrt{\mathrm{Var}(X)}$ を **連続確率変数 X の標準偏差** といいます。この値は記号 σ で表すこともあります。

平均や分散、標準偏差を表す記号は以下のように使い分けるニャ

	確率分布	標本
平均	μ	$\bar{x}$
分数	σ^2	s^2
標準偏差	σ	s

8-2 正規分布

連続確率分布の中で最も重要なものが正規分布です。

> **正規分布の定義**
>
> 確率変数 X に対して、確率密度関数 $f(x)$ が
> $$f(x) = \frac{1}{\sigma\sqrt{2\pi}} e^{-\frac{1}{2}\frac{(x-\mu)^2}{\sigma^2}} \quad (-\infty < x < +\infty)$$
> で与えられる確率分布を正規分布といいます。

正規分布は英語で Normal distribution といい、$f(x)$ の式の中の μ と σ^2 から決定される分布なので、$N(\mu, \sigma^2)$ と略して表現されます。

そして、正規分布の平均は式の中の μ で与えられます。分散は式の中の σ^2 で与えられます。特に、平均 0 で分散 1 の正規分布は**標準正規分布**とよばれ、統計ではよく用いられます。

正規分布を描いてみましょう

正規分布はどんな形をしているのでしょうか。グラフを作成する PC ソフトなどを用いて描いてみましょう。

ここでは、Microsoft® Excel® 2007 を使って平均 0、分散 1 の標準正規分布のグラフを描いてみます。

まず、右の表のように A2 から A32 のセルに 0.2 刻みで−3 から 3 まで入力します。

	A	B	C
1	x	f(x)	
2	-3		
3	-2.8		
4	-2.6		
5	-2.4		
6	-2.2		
7	-2		
⋮	⋮		
27	2		
28	2.2		
29	2.4		
30	2.6		
31	2.8		
32	3		

次に、B2のセルに次の式を入力してみましょう。
　　=EXP(-1 * A2^2/2)/(2 * PI())^0.5

さらにこの式をB3からB32までコピーします。

すると、次のような出力結果が得られるはずです。

	A	B	C	D	E	F
		B32	▼	f_x	=EXP(-1*A32^2/2)/(2*PI())^0.5	

	A	B
1	x	f(x)
2	-3	0.004432
3	-2.8	0.007915
4	-2.6	0.013583
5	-2.4	0.022395
6	-2.2	0.035475
7	-2	0.053991
8	-1.8	0.07895
:	:	:
22	1	0.241971
23	1.2	0.194186
24	1.4	0.149727
25	1.6	0.110921
26	1.8	0.07895
27	2	0.053991
28	2.2	0.035475
29	2.4	0.022395
30	2.6	0.013583
31	2.8	0.007915
32	3	0.004432

　最後にＣ２のセルをクリックして、挿入のグラフから散布図を選択し、散布図（平滑線）をクリックすれば完成です。

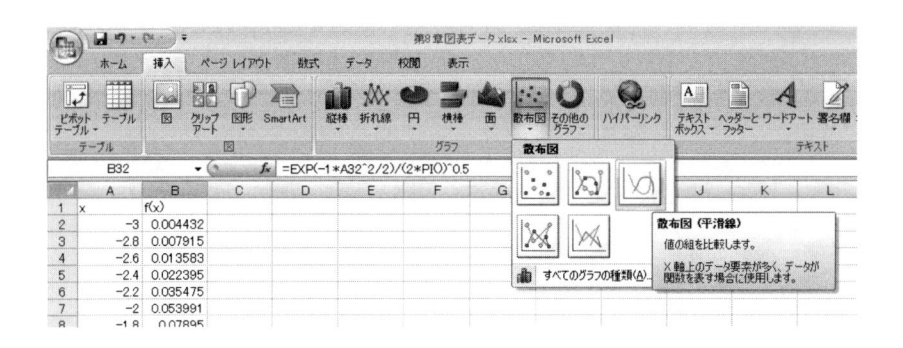

　すると、次のような確率分布のグラフが作成されます。

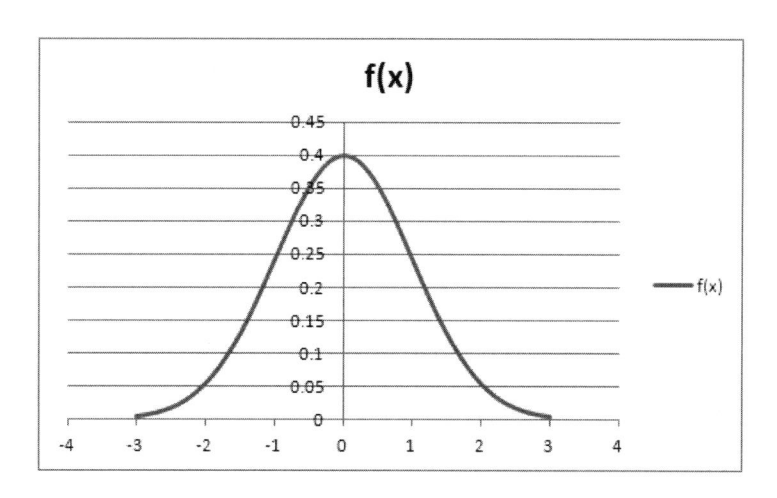

いかがでしょうか。同じグラフが作成されましたか？　これが標準正規分布のグラフになります。ふつうの正規分布も基本的にはこれと同じような形になりますので形を覚えておきましょう。

　正規分布のグラフの特徴は、平均のところで最大値をとり、平均に関して左右対称のきれいな山型のグラフになるところです。

8-3 標準正規分布と数表

本書の巻末に標準正規分布の数表があります。この数表から標準正規分布の確率を求めることが出来ます。

たとえば、標準正規分布に従う確率変数 Z に対して $0 \leq Z \leq 1.96$ となる確率 $P(0 \leq Z \leq 1.96)$ は、図8.3のように求められます。

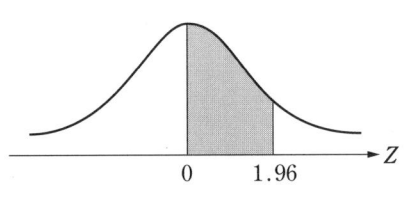

図8.3 標準正規分布と確率

数表の縦軸が 1.9、横軸が 0.06 の交差するところが求める確率になります。

z	0.00	0.01	⋯	0.06	⋯
0.0	0.0000	0.00399	⋯	0.02392	⋯
0.1	0.03983	0.04380	⋯	0.06356	⋯
0.2	0.07926	0.08317	⋯	0.1026	⋯
⋮	⋮	⋮	⋱	⋮	
1.9	0.471283	0.471933	⋯	0.475002	⋯
⋮	⋮	⋮		⋮	⋱

コレ!!

よって、$P(0 \leq Z \leq 1.96) = 0.47500$ となります。

逆に $P(0 \leq Z \leq z_0) = 0.33398$ となるような z_0 の値を求めるには数表から 0.33398 を探し出します。

z	0.00	0.01	⋯	0.07	⋯
0.0	0.0000	0.00399	⋯		
0.1	0.03983	0.04380	⋯		
0.2	0.07926	0.08317	⋯		
⋮	⋮	⋮	⋱		
0.9				0.33398	
⋮	⋮	⋮	⋯	⋮	⋱

あった!!

これより、数表の縦軸と横軸を見るとそれぞれ 0.9 と 0.07 であるので、その合計 $0.9+0.07=0.97$ が z_0 の値となります。よって、$z_0=0.97$ となります。

それでは、次の確率はどうでしょうか。

$$P(Z \geqq 1.96) = ?$$

グラフで見ると図 8.4 の網かけの部分です。

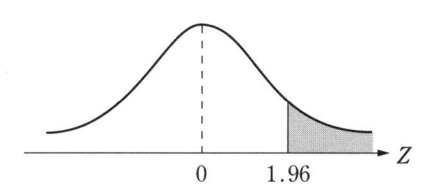

$P(Z \geqq 1.96)$ は $P(1.96 \leqq Z < +\infty)$ とおなじ意味だニャ

図 8.4 標準正規分布と $P(Z \geqq 1.96)$

正規分布は平均 μ を中心に左右対称なので標準正規分布は平均 0 を中心に左右対称です。また、$P(-\infty < Z < +\infty) = 1$ なので、平均 0 から右半分の確率は $P(0 \leqq Z < +\infty) = 0.5$ となります。

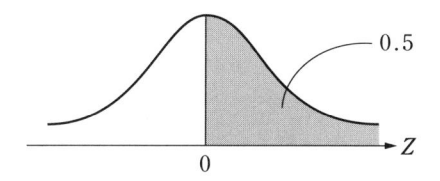

図 8.5 標準正規分布の右半分の面積

よって、$P(Z \geqq 1.96)$ の値は次のようになります。

$$P(0 \leqq Z < +\infty) = P(0 \leqq Z \leqq 1.96) + P(Z \geqq 1.96)$$
$$P(Z \geqq 1.96) = P(0 \leqq Z < +\infty) - P(0 \leqq Z \leqq 1.96)$$
$$= 0.5 - 0.47500$$
$$= 0.025$$

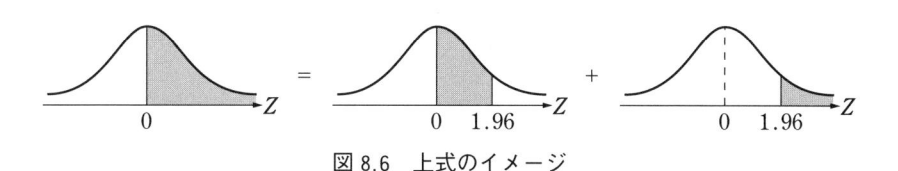

図 8.6 上式のイメージ

逆に $P(Z \geqq z_0) = 0.05$ となる z_0 の値を求めるには次のようになります。

$$P(0 \leqq Z < +\infty) = P(0 \leqq Z \leqq z_0) + P(Z \geqq z_0)$$
$$P(0 \leqq Z \leqq z_0) = P(0 \leqq Z < +\infty) - P(Z \geqq z_0)$$
$$= 0.5 - 0.05$$
$$= 0.045$$

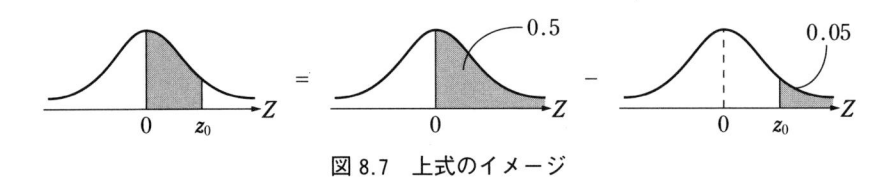

図 8.7　上式のイメージ

これより、巻末の標準正規分布の数表から 0.45 を探すと

z	0.00	0.01	…	0.04	…
0.0	0.0000	0.00399	…		…
0.1	0.03983	0.04380	…		…
0.2	0.07926	0.08317	…		…
⋮	⋮	⋮	⋱		
1.6				0.449497	
⋮	…	…	…		⋱

そのものズバリの値がないときは一番近い値でいいんだニャ

したがって、$z_0 = 1.6 + 0.04 = 1.64$ であることがわかります。

8-4 t 分布と数表

連続確率分布の中で標準正規分布の次に重要なものが t 分布です。この分布は、第 9 章から第 11 章にかけて何度も使います。

> **t 分布の定義**
>
> 確率変数 X に対して、確率密度関数 $f(x)$ が
>
> $$f(x) = \frac{\Gamma\left(\frac{n+1}{2}\right)}{\sqrt{n\pi}\,\Gamma\left(\frac{n}{2}\right)\left(1+\frac{x^2}{n}\right)^{\frac{n+1}{2}}} \quad (-\infty < x < +\infty)$$
>
> で与えられる確率分布を自由度 n の t 分布といいます。

t 分布の平均は 0、分散は $\frac{n}{n-2}(n \geq 2)$ となります。

連続確率分布の確率密度関数 $f(x)$ は大変複雑な式が多いです。皆さんにとって大切なことは、式の理解より分布のグラフや数表の読み取り方です。

t 分布のグラフを描いてみましょう

t 分布は自由度 n を 1 つ決めると形が 1 つ決まります。

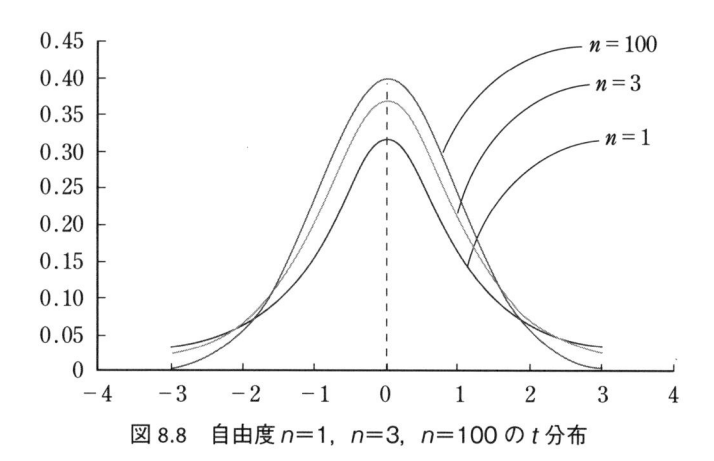

図 8.8　自由度 $n=1$, $n=3$, $n=100$ の t 分布

t 分布は左右対称の山形のグラフであることがわかります。この形は標準正規分布と似ていますね。t 分布のグラフと標準正規分布のグラフを重ねてみましょう。

■ 自由度 2 の t 分布と標準正規分布

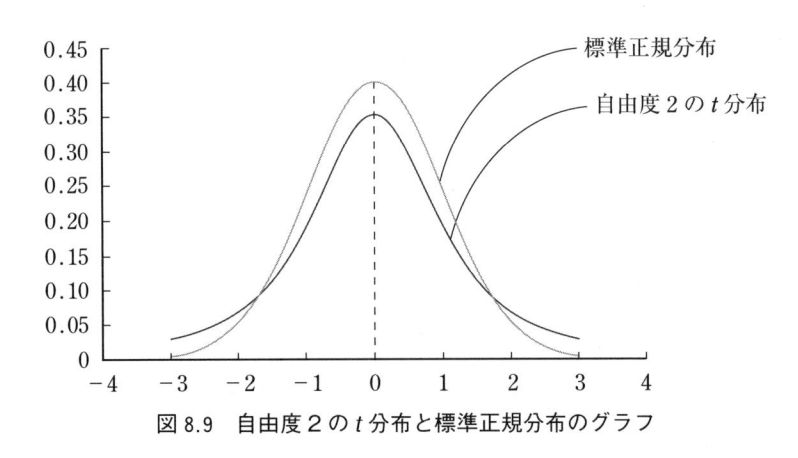

図 8.9　自由度 2 の t 分布と標準正規分布のグラフ

■ 自由度 30 の t 分布と標準正規分布

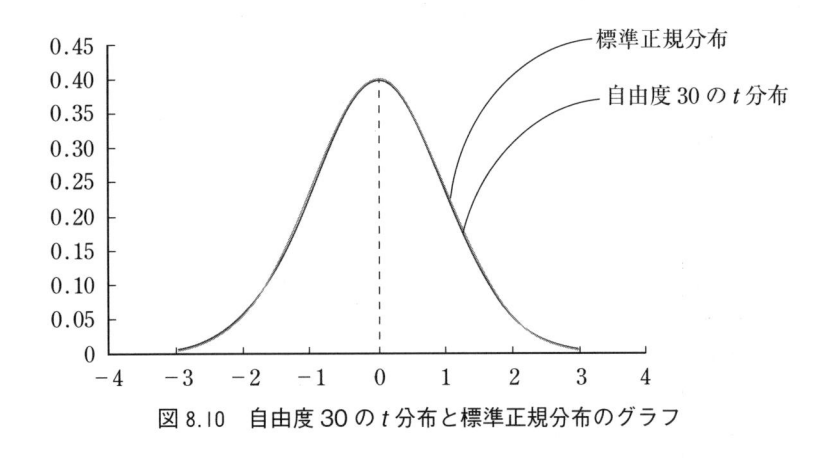

図 8.10　自由度 30 の t 分布と標準正規分布のグラフ

自由度がおおきくなると t 分布と標準正規分布はほとんど一致することがわかります。

この性質は第 9 章でも使いますので覚えておきましょう。

🐟 t 分布の確率

それでは、t 分布の確率はどのように求めるのでしょうか。t 分布も巻末の数表を用いて求めます。

まずは巻末の t 分布の数表を一部抜粋した下記の表を見てみましょう。

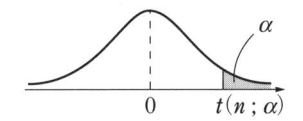

n \ α	0.25	0.1	0.05	0.025	0.01	0.005
1	1.000	3.078	6.314	12.706	31.821	63.657
2	0.816	1.886	2.920	4.303	6.965	9.925
3	0.765	1.638	2.353	3.182	4.541	5.841
4	0.741	1.533	2.132	2.776	3.747	4.604
5	0.727	1.476	2.015	2.571	3.365	4.032
6	0.718	1.440	1.943	2.447	3.143	3.707
7	0.711	1.415	1.895	2.365	2.998	3.500
8	0.706	1.397	1.860	2.306	2.897	3.355
9	0.703	1.383	1.833	2.262	2.821	3.250
10	0.700	1.372	1.813	2.228	2.764	3.169
11	0.697	1.363	1.796	2.201	2.718	3.106
12	0.695	1.356	1.782	2.179	2.681	3.055

数表の右上に図がありますね。それが数表の見方を説明しています。t 分布の場合、確率を求めるというより確率 α を与える位置（**α パーセント点**とよばれます）を求めます。

つまり、自由度 n の t 分布の確率密度関数を $f_n(x)$ とおくと、図 8.11 の網かけの部分の面積が α となる点 $t(n;\alpha)$ が数表に記してあります。

このことを数式で表現すると次のようになります。

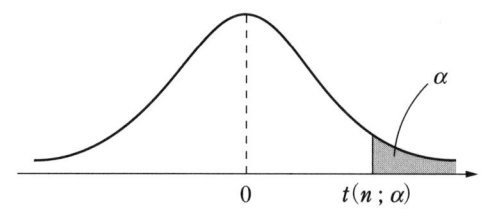

図 8.11　t 分布とその確率

$$\alpha = \int_{t(n\,;\,\alpha)}^{+\infty} f_n(x)\,dx$$

たとえば、自由度 $n=10$、$\alpha=0.025$ としましょう。すると、上式より

$$0.025 = \int_{t(10\,;\,0.025)}^{+\infty} f_{10}(x)\,dx$$

となります。そこで、この式を満たす $t(10\,;\,0.025)$ を数表から探します。
縦軸 $n=10$、横軸 $\alpha=0.025$ の交差するところが求める値です。

n \ α	0.25	0.1	0.05	0.025	0.01	0.005
1	1.000	3.078	6.314	12.706	31.821	63.657
2	0.816	1.886	2.920	4.303	6.965	9.925
⋮	⋮	⋮	⋮	⋮	⋮	⋮
⋮	⋮	⋮	⋮	⋮	⋮	⋮
9	0.703	1.383	1.833	2.262		
10	0.700	1.372	1.813	(2.228) ← コレ!!		
11	0.697	1.363	1.796	2.201	2.718	3.106
12	0.695	1.356	1.782	2.179	2.681	3.055

よって、$t(10\,;\,0.025)=2.228$ となることがわかります。

それでは次に、$t(5;0.05)$ を探してみましょう。

n \ α	0.25	0.1	0.05	0.025	0.01	0.005
1	1.000	3.078	6.314	12.706	31.821	63.657
2	0.816	1.886	2.920	4.303	6.965	9.925
3	0.765	1.638	2.353	3.182	4.541	5.841
4	0.741	1.533	2.132			4.604
5	0.727	1.476	(2.015)			4.032
6	0.718	1.440	1.943	2.447	3.143	3.707
7	0.711	1.415	1.895	2.365	2.998	3.500
8	0.706	1.397	1.860	2.306	2.897	3.355
9	0.703	1.383	1.833	2.262	2.821	3.250

コレ!!

よって、$t(5;0.05)=2.015$ となることがわかります。

この t 分布の $t(n;\alpha)$ の値は、第9章から第11章にかけての推定や検定で使いますので、求める値を探し出せるようにしておきましょう。

t 分布の表から求める値を探し出せるように、練習しておくことが大切だニャ

練習問題

次の値を巻末の数表を使って求めましょう。

1 $P(0 \leq Z \leq 1.54)$ の値

2 $P(Z \geq z_0) = 0.0985$ を満たす z_0 の値

3 $P(Z \geq z_0) = 0.015$ を満たす z_0 の値

4 $t(3\,;\,0.01)$ の値

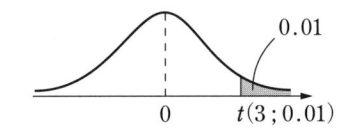

5 $t(12\,;\,0.05)$ の値

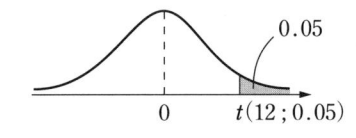

第9章
母集団に対する統計的推定

　ある集団の特徴を調べるときに、すべてのデータを調べることができれば、その特徴を完全に捉えることができます。しかしながら、現実的に集団のすべてのデータを調べ上げることは不可能です。

　たとえば、アマゾン川に生息しているコリドラスを研究するからといって、すべての魚の体長を調べることはできそうにありませんね。

　ところが、統計では一部のデータを取り出し、そこから全体を推測することができます。

　第9章では、このように部分から全体を推測する、区間推定について学びます。

9-1 母集団と標本

　統計的に色々なことを推測するには対象とする集団をどのように捉えるかという問題があります。一般的に集団全体のデータを調べることは困難ですが、その一部分を調べることは可能です。そこで、集団全体とそこから取り出された一部分について注目することにしましょう。

　統計学において、対象とする集団全体を**母集団**とよんでいます。そして、母集団から抽出された一部分を**標本**とよんでいます。

　たとえば、日本人の平均身長を知りたいと思ったら、母集団は日本人のすべての身長となり、標本は日本人の中からランダムに選ばれた1000人分の身長のデータとなります。

　一般に、母集団の平均値や分散などの統計量と、母集団から抽出した標本の平均値や分散などの統計量は異なる値になります。したがって、ある統計量が母集団の統計量なのか、標本の統計量なのか区別する必要があります。そこで、母集団の統計量を「母○○」、標本から計算された統計量を「標本○○」とよぶことによって区別することにします。

　母集団 ——— 母平均、母分散、母比率
　標　本 ——— 標本平均、標本分散、標本比率

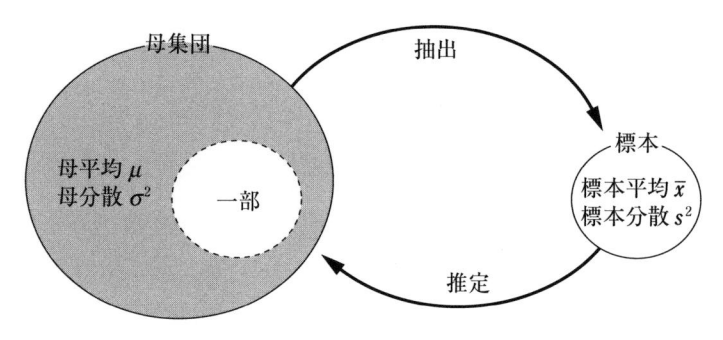

図 9.1　母集団と標本

9-2 母平均の区間推定

アマゾン川に生息しているコリドラスの平均体長がどのくらいか調べるにはどうすればよいでしょうか。

第2章では10匹のデータから平均体長を計算しましたが、この10匹のデータはアマゾン川という広大な川から抽出された、たった10個の標本にすぎません。

では、アマゾン川のすべてのコリドラスのデータ、つまりコリドラスの母集団の平均体長を知るにはどうすればよいでしょうか。

このコリドラスの体長の母平均がどのくらいかを幅を持たせて推定しようというのが、**母平均の区間推定**です。そして、その幅を**信頼区間**とよんでいます。

母平均の区間推定は母集団が正規分布 $N(\mu, \sigma^2)$ に従うときに適用できます。正規分布に従う母集団は、**正規母集団**とよばれます。

ところで、正規分布 $N(\mu, \sigma^2)$ は平均 μ と分散 σ^2 から決まる確率分布でした。したがって、この母平均の区間推定を使おうとした場合、調べている母集団の分散、つまり母分散がわかっている場合と、わかっていない場合とで区間推定の求め方が異なります。

まずは、母分散がわかっている場合から見ていきましょう。

母分散がわかっている場合と
母分散がわかっていない場合
で区間推定の求め方が異なる
ニャ〜

母分散がわかっている場合

公式　母平均 μ の区間推定

母分散がわかっている場合、母平均 μ の $100(1-\alpha)\%$ 信頼区間は次の式で与えられます。

$$\bar{x} - z\left(\frac{\alpha}{2}\right)\sqrt{\frac{\sigma^2}{N}} \leqq \mu \leqq \bar{x} + z\left(\frac{\alpha}{2}\right)\sqrt{\frac{\sigma^2}{N}}$$

式中の記号の意味は以下のとおり

$\bar{x}$：標本平均

σ^2：母分散

N：標本の数（データの数）

$z\left(\frac{\alpha}{2}\right)$：標準正規分布に従う確率変数 Z に対して
　　　　$P(Z \geqq z_0) = \frac{\alpha}{2}$ となる z_0 の値

この公式は、次の定理より導かれています。

定理

確率変数 $X_1, X_2, \cdots, X_N$ が互いに独立に正規分布 $N(\mu, \sigma^2)$ に従うとき、統計量 $\dfrac{\bar{X} - \mu}{\sqrt{\dfrac{\sigma^2}{N}}}$ の分布は標準正規分布 $N(0, 1^2)$ となる。

ここで、標準正規分布 $N(0, 1^2)$ の原点を中心とした確率 $1-\alpha$ の範囲、つまり $100(1-\alpha)\%$ の区間は図9.2になります。

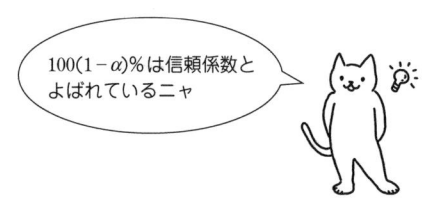

> $100(1-\alpha)\%$ は信頼係数とよばれているニャ

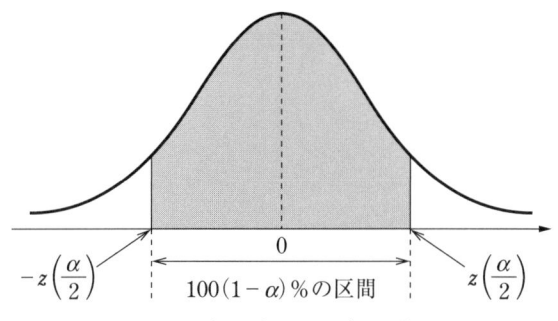

図9.2 標準正規分布の $100(1-\alpha)$ %の区間

これは、統計量 $\dfrac{\overline{X}-\mu}{\sqrt{\dfrac{\sigma^2}{N}}}$ の値が $-z\left(\dfrac{\alpha}{2}\right) \leqq \dfrac{\overline{X}-\mu}{\sqrt{\dfrac{\sigma^2}{N}}} \leqq z\left(\dfrac{\alpha}{2}\right)$ を満たす確率が $1-\alpha$ であることを表しているので、このことを式で表すと次のようになります。

$$P\left(-z\left(\dfrac{\alpha}{2}\right) \leqq \dfrac{\overline{X}-\mu}{\sqrt{\dfrac{\sigma^2}{N}}} \leqq z\left(\dfrac{\alpha}{2}\right)\right) = 1-\alpha$$

> この式は、確率 $1-\alpha$ の値が決まれば、それに応じて $z\left(\dfrac{\alpha}{2}\right)$ が決まる式になっているニャ
> たとえば、$1-\alpha$ を $1-2\alpha$ とすれば、$z\left(\dfrac{\alpha}{2}\right)$ は $z(\alpha)$ となるニャ。
> $$P\left(-z(\alpha) \leqq \dfrac{\overline{X}-\mu}{\sqrt{\dfrac{\sigma^2}{N}}} \leqq z(\alpha)\right) = 1-2\alpha$$

次に、

$$P\left(-z\left(\frac{\alpha}{2}\right) \leqq \frac{\bar{X}-\mu}{\sqrt{\frac{\sigma^2}{N}}} \leqq z\left(\frac{\alpha}{2}\right)\right) = 1-\alpha$$

の式のカッコの中を式変形します。

$$-z\left(\frac{\alpha}{2}\right) \leqq \frac{\bar{X}-\mu}{\sqrt{\frac{\sigma^2}{N}}} \leqq z\left(\frac{\alpha}{2}\right)$$

上式の辺々に $\sqrt{\frac{\sigma^2}{N}}$ をかけます。すると、

$$-z\left(\frac{\alpha}{2}\right)\sqrt{\frac{\sigma^2}{N}} \leqq \bar{X}-\mu \leqq z\left(\frac{\alpha}{2}\right)\sqrt{\frac{\sigma^2}{N}}$$

となります。さらに辺々から $\bar{X}$ を引きます。

$$-\bar{X}-z\left(\frac{\alpha}{2}\right)\sqrt{\frac{\sigma^2}{N}} \leqq -\mu \leqq -\bar{X}-z\left(\frac{\alpha}{2}\right)\sqrt{\frac{\sigma^2}{N}}$$

最後に、辺々に -1 をかけて不等号をひっくり返します。すると、

$$\bar{X}-z\left(\frac{\alpha}{2}\right)\sqrt{\frac{\sigma^2}{N}} \leqq \mu \leqq \bar{X}+z\left(\frac{\alpha}{2}\right)\sqrt{\frac{\sigma^2}{N}}$$

となります。

あとは $\bar{X}$ を $\bar{x}$ に置き換えれば、

$$\bar{x}-z\left(\frac{\alpha}{2}\right)\sqrt{\frac{\sigma^2}{N}} \leqq \mu \leqq \bar{x}+z\left(\frac{\alpha}{2}\right)\sqrt{\frac{\sigma^2}{N}}$$

を得ます。

では、例題 9-1 を見てみましょう。

例題 9-1

アマゾン川のコリドラスの平均体長がどのくらいかを調べるため、10匹のコリドラスを捕まえました。その体長を測定したところ、測定値は表9.1になりました。

表9.1 コリドラスの体長

No.	体長	No.	体長
1	5.8 cm	6	6.0 cm
2	5.9 cm	7	5.9 cm
3	5.5 cm	8	5.7 cm
4	6.1 cm	9	6.0 cm
5	6.2 cm	10	6.3 cm

コリドラスの体長の母分散を1.0とします。このとき、コリドラスの体長はどのくらいでしょうか。信頼係数を99%として、母平均の99%信頼区間を求めましょう。

母分散は1.0とわかっているので、まずは信頼係数99%から$z\left(\dfrac{\alpha}{2}\right)$の値を求めます。

$$100(1-\alpha)=99 \quad より \quad 1-\alpha=0.99$$

であるので、

$$\alpha=1-0.99$$

よって、

$$\alpha=0.01$$

したがって、

$$\dfrac{\alpha}{2}=0.005$$

となります。

> まずは$\dfrac{\alpha}{2}$の値を求めるニャ

以上のことから、$z\left(\dfrac{\alpha}{2}\right)=z(0.005)$ となることがわかりました。

$z(0.005)$ の値は、8-3 節の標準正規分布の求め方より $z_0=z(0.005)$ とおくと、$P(Z\geqq z_0)=0.005$ を満たします。

よって、
$$P(0\leqq Z\leqq +\infty)=P(0\leqq Z\leqq z_0)+P(Z\geqq z_0)$$
$$0.5=P(0\leqq Z\leqq z_0)+0.005$$
$$P(0\leqq Z\leqq z_0)=0.5-0.005$$
$$=0.495$$

巻末の標準正規分布の数表より、
$$z_0=z(0.005)=2.58$$
とわかります。

次に標本平均 $\bar{x}$ を計算すると、$N=10$ より
$$\bar{x}=\dfrac{x_1+x_2+\cdots+x_N}{N}$$
$$=\dfrac{5.8+5.9+5.5+6.1+6.2+6.0+5.9+5.7+6.0+6.3}{10}$$
$$=\dfrac{59.4}{10}=5.940$$

となります。

母分散 σ^2 は $\sigma^2=1.0$ なので、これらの値を母平均の区間推定の公式に代入すると、
$$5.940-2.58\times\sqrt{\dfrac{1.0}{10}}\leqq \mu \leqq 5.940+2.58\times\sqrt{\dfrac{1.0}{10}}$$

となるので、計算すると
$$5.124\leqq \mu \leqq 6.756$$

となります。この不等式がコリドラスの平均体長の 99% 信頼区間となります。

よって、5.124 cm から 6.756 cm の間にコリドラスの平均体長があることがわかります。

🐟 母分散がわかっていない場合

公式　母平均 μ の区間推定

母分散がわかっていない場合、母平均 μ の $100(1-\alpha)\%$ 信頼区間は次の式で与えられます。

$$\bar{x} - t\left(N-1\,;\,\frac{\alpha}{2}\right)\sqrt{\frac{s^2}{N}} \leq \mu \leq \bar{x} + t\left(N-1\,;\,\frac{\alpha}{2}\right)\sqrt{\frac{s^2}{N}}$$

式中の記号の意味は以下のとおり

$\bar{x}$：標本平均

s^2：標本分散

N：標本の数（データの数）

$t\left(N-1\,;\,\dfrac{\alpha}{2}\right)$：自由度 $N-1$ の t 分布に従う確率変数 X に対して $P(X \geq x_0) = \dfrac{\alpha}{2}$ となる x_0 の値

母分散 σ^2 がわかっていない場合は、先ほどの公式に σ^2 の値を使うことができません。しかしながら、標本から得られたデータから標本分散 s^2 を求めることはできます。このとき、次の定理が役に立ちます。

定理

確率変数 $X_1, X_2, \cdots, X_N$ が互いに独立に正規分布 $N(\mu, \sigma^2)$ に従うとき、統計量 $\dfrac{\bar{X} - \mu}{\sqrt{\dfrac{s^2}{N}}}$ の分布は自由度 $N-1$ の t 分布となる。

この定理を用いることで、母分散 σ^2 がわからない場合の母平均の推定の公式が導かれています。
　先と同じように、自由度 $N-1$ の t 分布の原点を中心とした確率 $1-\alpha$ の範囲、つまり $100(1-\alpha)\%$ の区間は次のようになります。

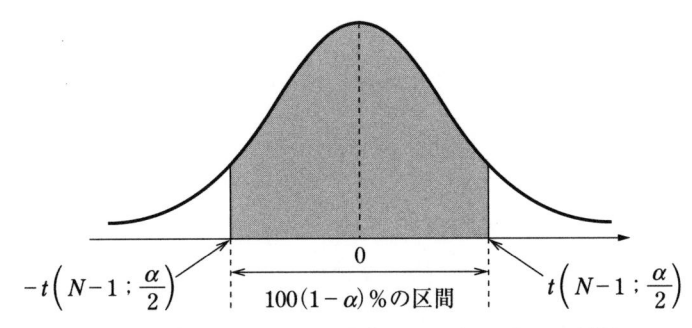

図9.3　自由度 $N-1$ の t 分布の $100(1-\alpha)\%$ の区間

これは、統計量 $\dfrac{\bar{X}-\mu}{\sqrt{\dfrac{s^2}{N}}}$ の値が $-t\left(N-1\,;\dfrac{\alpha}{2}\right) \leqq \dfrac{\bar{X}-\mu}{\sqrt{\dfrac{s^2}{N}}} \leqq t\left(N-1\,;\dfrac{\alpha}{2}\right)$

を満たす確率が $1-\alpha$ であることを表しているので、このことを式で表すと次のようになります。

$$P\left(-t\left(N-1\,;\frac{\alpha}{2}\right) \leqq \frac{\bar{X}-\mu}{\sqrt{\frac{s^2}{N}}} \leqq t\left(N-1\,;\frac{\alpha}{2}\right)\right) = 1-\alpha$$

次に、

$$P\left(-t\left(N-1\,;\frac{\alpha}{2}\right) \leqq \frac{\bar{X}-\mu}{\sqrt{\frac{s^2}{N}}} \leqq t\left(N-1\,;\frac{\alpha}{2}\right)\right) = 1-\alpha$$

の式のカッコの中を式変形します。

$$-t\left(N-1\,;\,\frac{\alpha}{2}\right) \leqq \frac{\bar{X}-\mu}{\sqrt{\frac{s^2}{N}}} \leqq t\left(N-1\,;\,\frac{\alpha}{2}\right)$$

上式の辺々に $\sqrt{\frac{s^2}{N}}$ をかけます。すると、

$$-t\left(N-1\,;\,\frac{\alpha}{2}\right)\sqrt{\frac{s^2}{N}} \leqq \bar{X}-\mu \leqq t\left(N-1\,;\,\frac{\alpha}{2}\right)\sqrt{\frac{s^2}{N}}$$

となります。さらに辺々から $\bar{X}$ を引きます。

$$-\bar{X}-t\left(N-1\,;\,\frac{\alpha}{2}\right)\sqrt{\frac{s^2}{N}} \leqq -\mu \leqq -\bar{X}+t\left(N-1\,;\,\frac{\alpha}{2}\right)\sqrt{\frac{s^2}{N}}$$

最後に、辺々に -1 をかけて不等号をひっくり返します。すると、

$$\bar{X}-t\left(N-1\,;\,\frac{\alpha}{2}\right)\sqrt{\frac{s^2}{N}} \leqq \mu \leqq \bar{X}+t\left(N-1\,;\,\frac{\alpha}{2}\right)\sqrt{\frac{s^2}{N}}$$

となります。

あとは $\bar{X}$ を $\bar{x}$ に置き換えれば、

$$\bar{x}-t\left(N-1\,;\,\frac{\alpha}{2}\right)\sqrt{\frac{s^2}{N}} \leqq \mu \leqq \bar{x}+t\left(N-1\,;\,\frac{\alpha}{2}\right)\sqrt{\frac{s^2}{N}}$$

を得ます。

では、例題 9-2 を見てみましょう。

例題 9-2

表 9.2（例題 9-1 で扱った値と同じ）のコリドラス 10 匹のデータについて、母分散がわからない場合の信頼係数 99% 間の母平均の区間推定を行いましょう。

表 9.2　コリドラスの体長

No.	体長	No.	体長
1	5.8 cm	6	6.0 cm
2	5.9 cm	7	5.9 cm
3	5.5 cm	8	5.7 cm
4	6.1 cm	9	6.0 cm
5	6.2 cm	10	6.3 cm

データの数は $N=10$ より、自由度 $10-1=9$ の t 分布を利用します。信頼係数は 99% であるので、

$$100(1-\alpha)=99 \quad より \quad 1-\alpha=0.99$$

となりますから、

$$\alpha=1-0.99$$

よって、

$$\alpha=0.01$$

したがって、

$$\frac{\alpha}{2}=0.005$$

となります。

したがって、巻末の t 分布の数表から

$$t\left(N-1\,;\,\frac{\alpha}{2}\right)=t(9\,;\,0.005)=3.250$$

となります。

次に標本平均 $\bar{x}$ と標本分散 s^2 を求めます。標本平均 $\bar{x}$ は先ほど求めた値が使えるので、$\bar{x}=5.94$ です。

ところが、標本分散 s^2 の計算は大変です。

$$s^2=\frac{(5.8-5.94)^2+(5.9-5.94)^2+\cdots+(6.3-5.94)^2}{10-1}$$

ここで、計算を少し楽にする方法を学びましょう。実は、分散の計算式は次のように式変形できます。

公式　標本分散

標本分散は次のように計算されます。

$$s^2=\frac{(x_1-\bar{x})^2+(x_2-\bar{x})^2+\cdots+(x_N-\bar{x})^2}{N-1}$$

$$=\frac{N\left(\sum_{i=1}^{N}x_i{}^2\right)-\left(\sum_{i=1}^{N}x_i\right)^2}{N(N-1)}$$

標本分散の公式の Σ の意味は次のとおりだニャ

$$\sum_{i=1}^{N}x_i=x_1+x_2+\cdots+x_N$$

$$\sum_{i=1}^{N}x_i{}^2=x_1{}^2+x_2{}^2+\cdots+x_N{}^2$$

表9.3のような表を作っておくと計算が楽になります。

表9.3　分散を計算するための準備

No.	x_i	x_i^2
1	5.8	33.64
2	5.9	34.81
⋮	⋮	⋮
10	6.3	39.69
合計	59.4	353.34

$\sum_{i=1}^{N}x_i$

$\sum_{i=1}^{N}x_i^2$

表9.3から、標本分散 s^2 は次のようになります。

$$s^2 = \frac{N\left(\sum_{i=1}^{N} x_i^2\right) - \left(\sum_{i=1}^{N} x_i\right)^2}{N(N-1)} = \frac{10 \times 353.34 - (59.4)^2}{10 \times (10-1)} = 0.05600$$

以上から、母分散がわかっていない場合の母平均の区間推定の公式に値を代入しましょう。

$$\bar{x} - t\left(N-1\,;\,\frac{\alpha}{2}\right)\sqrt{\frac{s^2}{N}} \leq \mu \leq \bar{x} + t\left(N-1\,;\,\frac{\alpha}{2}\right)\sqrt{\frac{s^2}{N}}$$

記号の値は、

$\bar{x} = 5.94$

$s^2 = 0.05600$

$N = 10$

$t\left(N-1\,;\,\frac{\alpha}{2}\right) = t(9\,;\,0.005) = 3.250$

となります。

これらを公式に代入すると、

$$5.940 - 3.250 \times \sqrt{\frac{0.05600}{10}} \leq \mu \leq 5.940 + 3.250 \times \sqrt{\frac{0.05600}{10}}$$

となるので、計算すると

$5.697 \leq \mu \leq 6.183$

となります。

これが、母分散がわかっていない場合のコリドラスの平均体長の99%信頼区間です。

ここで、8-4節をもう一度振り返ってください。t 分布は、自由度が大きくなると、分布の形が標準正規分布に近付いていきます。

それでは、標本がたくさん得られた場合の区間推定の計算を例題9-3で見ていきましょう。

自由度は「データの個数-1」だニャ

例題 9-3

例題 9-1、9-2 とは別種のコリドラスの体長について 100 匹のサンプルを得て調べたところ、

  標本平均 $\bar{x}=6.12$

  標本分散 $s^2=0.087$

となりました。

このコリドラスの平均体長を 95% 信頼係数で区間推定してみましょう。

この場合、サンプルとして 100 匹の標本をとってきたわけですから、データ数が $N=100$ と大きいです。8-4 節で学んだように自由度が大きい場合、t 分布は標準正規分布に近づきます。

そこで、

  $t(100-1\ ;\ 0.025) \fallingdotseq z(0.025)$

として、区間推定の公式に代入してみましょう。

$z(0.025)$ の値は 8-3 節の標準正規分布の求め方より $z_0=z(0.025)$ とおくと、$P(Z \geqq z_0)=0.025$ を満たします。

よって、

$$P(0 \leqq Z \leqq +\infty) = P(0 \leqq Z \leqq z_0) + P(Z \geqq z_0)$$
$$0.5 = P(0 \leqq Z \leqq z_0) + 0.025$$
$$P(0 \leqq Z \leqq z_0) = 0.5 - 0.025$$
$$= 0.475$$

巻末の標準正規分布の数表より、

  $z_0=z(0.025)=1.96$

とわかります。

よって、

$$6.12 - 1.96 \times \sqrt{\frac{0.087}{100}} \leqq \mu \leqq 6.12 + 1.96 \times \sqrt{\frac{0.087}{100}}$$

となるので、計算すると

  $6.062 \leqq \mu \leqq 6.178$

になりますので、この不等式が求めるコリドラスの平均体長の 95% 信頼区間となります。

9-3 母比率の区間推定

これまで、色々なコリドラスのデータを見てきましたが、果たしてアマゾン川に生息している魚の何割くらいがコリドラスなのでしょうか。

このような全体に対する比率を調べるときに用いられるのが、母比率の区間推定です。たとえば、アマゾン川には多種多様な魚が生息しています。それらの魚をコリドラスとそうでない種類に分けると図9.4のようにグラフに表すことができます。

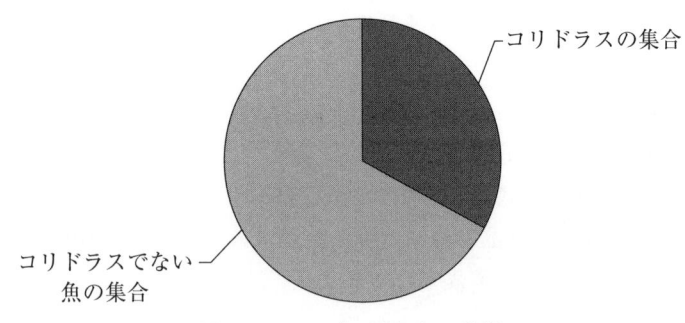

図 9.4　アマゾン川の魚の分類

このように母集団を2つの集合に分けたときに、その集団を特徴づける値は、全体に対する比率 p となります。

$$比率\ p = \frac{母集団の中の集合\ A\ の要素の数}{母集団全体の要素の数}$$

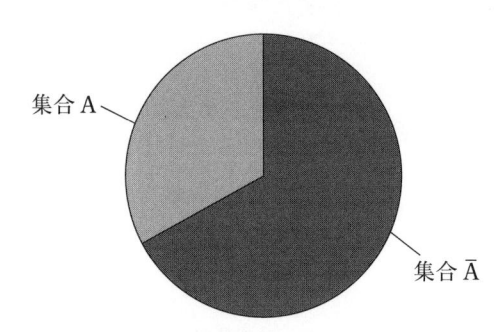

図 9.5　母集団を2つに分ける

公式 　母比率 p の区間推定

母比率の $100(1-\alpha)\%$ 信頼区間は次の式で与えられます。

$$\frac{m}{N} - z\left(\frac{\alpha}{2}\right)\sqrt{\frac{\frac{m}{N}\left(1-\frac{m}{N}\right)}{N}} \leq p \leq \frac{m}{N} + z\left(\frac{\alpha}{2}\right)\sqrt{\frac{\frac{m}{N}\left(1-\frac{m}{N}\right)}{N}}$$

式中の記号の意味は以下のとおり

　　m：N 個の標本の中で集合 A に入るものの個数
　　N：標本の数（データの数）
　　$z\left(\frac{\alpha}{2}\right)$：標準正規分布 $N(0, 1^2)$ に従う確率変数 Z に対して
　　　　　$P(Z \geq z_0) = \frac{\alpha}{2}$ となる z_0 の値

母集団が 2 つの集合 A と $\overline{A}$ に分けることができるとき、その母集団は **2 項母集団** とよばれます。

2 項母集団から、取り出した N 個の標本に対して、集合 A に含まれるものの個数が m 個のとき、$\frac{m}{N}$ を **標本比率 p** といいます。

この標本比率 $\frac{m}{N}$ は正規分布 $N\left(p, \frac{p(1-p)}{N}\right)$ で近似されることが知られています。それでは、公式の式が導かれる手順を確認していきましょう。

まず、標本比率 $\frac{m}{N}$ の確率 $1-\alpha$ の範囲は次のように表されます。

$$P\left(-z\left(\frac{\alpha}{2}\right) \leq \frac{\frac{m}{N}-p}{\sqrt{\frac{p(1-p)}{N}}} \leq z\left(\frac{\alpha}{2}\right)\right) = 1-\alpha$$

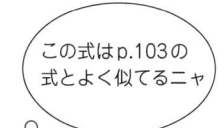

この式は p.103 の式とよく似てるニャ

次にカッコの中の不等式に注目し、式変形します。

$$-z\left(\frac{\alpha}{2}\right) \leq \frac{\frac{m}{N}-p}{\sqrt{\frac{p(1-p)}{N}}} \leq z\left(\frac{\alpha}{2}\right)$$

上式の辺々に $\sqrt{\frac{p(1-p)}{N}}$ をかけます。すると、

$$-z\left(\frac{\alpha}{2}\right)\sqrt{\frac{p(1-p)}{N}} \leq \frac{m}{N}-p \leq z\left(\frac{\alpha}{2}\right)\sqrt{\frac{p(1-p)}{N}}$$

となります。さらに辺々から $\frac{m}{N}$ を引きます。

$$-\frac{m}{N}-z\left(\frac{\alpha}{2}\right)\sqrt{\frac{p(1-p)}{N}} \leq -p \leq -\frac{m}{N}+z\left(\frac{\alpha}{2}\right)\sqrt{\frac{p(1-p)}{N}}$$

最後に、辺々に -1 をかけて不等号をひっくり返します。すると、

$$\frac{m}{N}-z\left(\frac{\alpha}{2}\right)\sqrt{\frac{p(1-p)}{N}} \leq p \leq \frac{m}{N}+z\left(\frac{\alpha}{2}\right)\sqrt{\frac{p(1-p)}{N}}$$

となります。

あとは平方根の中の p を $\frac{m}{N}$ に置き換えれば、

$$\frac{m}{N}-z\left(\frac{\alpha}{2}\right)\sqrt{\frac{\frac{m}{N}\left(1-\frac{m}{N}\right)}{N}} \leq p \leq \frac{m}{N}+z\left(\frac{\alpha}{2}\right)\sqrt{\frac{\frac{m}{N}\left(1-\frac{m}{N}\right)}{N}}$$

を得ます。

では、例題9-4を見てみましょう。

例題 9-4

アマゾン川の支流の1つ、トカンチンス川に生息している魚類のうち、コリドラスはどのくらいの比率を占めているか調べるために、川に網をしかけて魚類を219匹捕まえました。

魚の種類を調べたところ、コリドラスは74匹含まれていました。

トカンチンス川全体のコリドラス生息比率を信頼係数95%の母比率の区間推定を用いて求めてみましょう。

まずは信頼係数95%から$z\left(\frac{\alpha}{2}\right)$の値を求めます。

$100(1-\alpha)=95$ より $1-\alpha=0.95$

であるので、

$\alpha=1-0.95$

よって、

$\alpha=0.05$

したがって、

$\frac{\alpha}{2}=0.025$

となります。

以上のことから$z\left(\frac{\alpha}{2}\right)=z(0.025)$ となることがわかりました。

$z(0.025)$ の値は8-3節の標準正規分布の求め方より $z_0=z(0.025)$ とおくと、$P(Z\geqq z_0)=0.025$ を満たします。

よって、

$P(0\leqq Z\leqq +\infty)=P(0\leqq Z\leqq z_0)+P(Z\geqq z_0)$

$0.5=P(0\leqq Z\leqq z_0)+0.025$

$P(0\leqq Z\leqq z_0)=0.5-0.025$

$=0.475$

巻末の標準正規分布の数表より、

$z_0=z(0.025)=1.96$

とわかります。

次に標本比率 $\frac{m}{N}$ を計算しましょう。

$$\frac{m}{N} = \frac{74}{219} = 0.3379$$

となります。

　これらの値を母比率の区間推定の公式に代入すると、

$$0.3379 - 1.96 \times \sqrt{\frac{0.3379(1-0.3379)}{219}} \leq p \leq 0.3379 + 1.96 \times \sqrt{\frac{0.3379(1-0.3379)}{219}}$$

となります。

　これを計算すると、

$$0.2753 \leq p \leq 0.4005$$

となりますので、この不等式が求めるトカンチンス川のコリドラスの生息比率の 95% 信頼区間となります。

> 信頼係数の値をいろいろ変えて信頼区間の範囲を比べてみるとおもしろいニャ

練習問題

統計的推定を行いましょう。

1 アマゾン川に生息しているピライーバというナマズの一種について、その平均体長を調べるために 6 匹の標本を獲ってきました。その体長を調べたところ次のようなデータが得られました。

ピライーバの母分散 $\sigma^2=121$ といわれています。信頼係数 95％ で母平均の区間推定を行いましょう。

No.	ピライーバの体長
1	206 cm
2	238 cm
3	232 cm
4	200 cm
5	196 cm
6	236 cm

2 問 1 のデータを用いて、母分散 σ^2 がわかっていない場合の母平均の区間推定を信頼係数 90％ で求めましょう。

3 アマゾン川の支流の 1 つのプルス川に生息している魚類のうちピライーバの生息比率について調べるために、網を仕掛けて魚類を 116 匹捕まえたところ、この中にピライーバは 9 匹含まれていました。

プルス川のピライーバの生息比率を信頼係数 95％ で母比率の区間推定を用いて求めましょう。

第10章
母集団に対する統計的検定①

　第9章では、母集団の母平均や母比率がどのくらいであるかについて、ある程度の幅を持たせて求めました。

　第10章では統計的検定でよく用いられる母平均の検定と母比率の検定について学びます。

　実際によく用いられる統計的検定として母平均の検定と母比率の検定があります。これらは、あらかじめ与えられた母平均や母比率に対して、取ってきたデータから計算される標本平均や標本比率がそれと一致しているかどうか調べるためのものです。

10-1 仮説の検定

　ある漁業組合のデータによると、T漁港で水揚げされるサンマの平均体長は25 cmだそうです。それでは、今年のサンマの体長はどのくらいだと考えられるでしょうか。例年通りの大きさのサンマが獲れるのであれば、平均体長と同じくらいの体長になるでしょう。

　仮に、エルニーニョ現象などの地球的大規模現象が起これば、サンマの体長は変化するかもしれません。

　もし今年のサンマの平均体長が25 cmと一致していなければ、今年のサンマの体長は昨年までと異なるといえます。

　至極当たり前のことですが、このことが非常に重要なことなのです。

　今年のサンマの平均体長は25 cmに一致しているか、一致していないかのどちらかです。

　このように、相反する2つのことが同時に起こらない原則のことを二律背反や排中律といいます。

> 二律背反の具体例としては、コイン投げをした場合「表か裏」どちらか一方しか起こらないことだニャ

　たとえば、サンマ漁のシーズンに入り、例年通りの大きさのサンマが獲れていれば、平均体長25 cmに一致しそうだと思えますね。その場合、今年のサンマの体長が平均体長25 cmに一致する確率は高くなり、一致しない確率は低くなります。

　逆に、小さめのサンマばかりが獲れる場合には、今年のサンマの平均体長が25 cmに一致する確率は低くなり、一致しない確率は高くなります。

もう少し明確に記述すると、次のようになります。

H_0：今年のサンマの平均体長は 25 cm に一致する
H_1：今年のサンマの平均体長は 25 cm に一致しない

このように H_0 と H_1 を用いて 2 つの事象を表すことにします。すると、2 つの事象 H_0 と H_1 は実際にはどちらか一方しか起こらないので、これらの事象を確率的に表すとすると、次のようになります。

$P(H_0) + P(H_1) = 1$

ここで、

$P(H_0)$：今年のサンマの平均体長が 25 cm に一致する確率
$P(H_1)$：今年のサンマの平均体長が 25 cm に一致しない確率

を表しています。

$P(H_0)$ の値が 0 に近くて $P(H_1)$ の値が 1 に近いとすれば、「H_1：今年のサンマの平均体長は 25 cm に一致しない」が起こりやすいと考えられますね。
つまり、今年のサンマの平均体長は 25 cm に一致しないと判断することができます。

統計学における仮説の検定とは、このように相反する 2 つの事象を取り上げて、一方の起こる確率が低いことを示すことによって、他方の起こる確率が高いだろうと結論付けることなのです。

🐟 統計的検定

統計的検定とは、次の手順によって行われます。

Step1 母集団に対して、仮説 H_0 と対立仮説 H_1 を立てる

仮説 H_0 と対立仮説 H_1 は、サンマの体長の例のように、相反することを当てはめます。

Step2 母集団から標本をランダムに抽出し、抽出された標本から検定統計量を計算する

検定統計量とは、仮説 H_0 が起こる確率を求めるための値で、母平均や母比率を検定するかによって、それぞれ算出方法が異なります。

Step3 検定統計量の値をもとに、検定統計量が従う確率分布から仮説 H_0 が起こる確率（有意確率とよぶ）を調べる

その確率がめったに起こらない水準以下であるならば、仮説 H_0 はめったに起こらない事象であると判断し、仮説 H_0 を棄却します。そして、対立仮説 H_1 が起こるであろうと結論づけます。

> 統計的検定の手順は
> ホップ　　ステップ　　ジャンプ
> Step1 → Step2 → Step3

仮説 H_0 の棄却

統計学では、めったに起こらない水準を表す範囲を棄却域とよんでいます。統計的検定では、検定統計量が棄却域に入るとき、仮説 H_0 がめったに起こらない水準に達したと判断します。

さらに、統計学においてはめったに起こらない水準が決まっていて一般的に 1%、5%、10% のどれかとなっています。最も多く用いられるのは 5% です。このめったに起こらない水準を**有意水準**とよんでいます。

検定統計量が棄却域に入るとき、「**仮説 H_0 は棄却される**」または「**仮説 H_0 は棄てられる**」と表現されます。

このめったに起こらない水準とその範囲である棄却域を示すと図 10.1 のようになります。

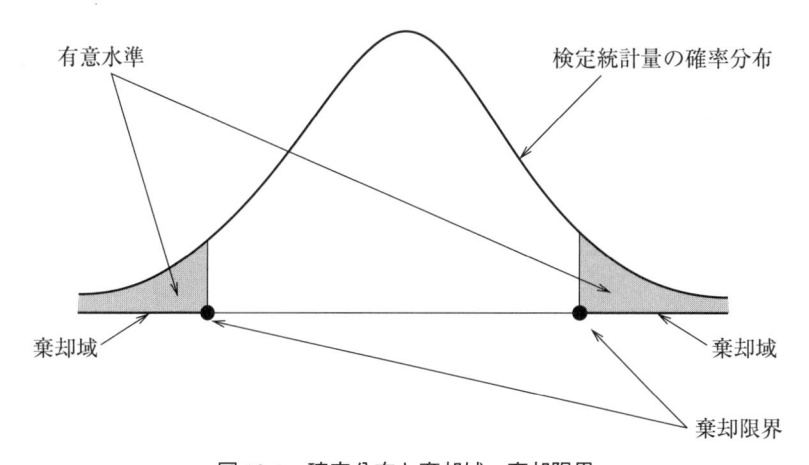

図 10.1　確率分布と棄却域・棄却限界

図の網かけの部分が有意水準で、太線が**棄却域**です。そして、有意水準の値がこの網かけの部分の面積の値と等しくなっています。この範囲の端が**棄却限界**（棄却限界の求め方は 10-2 節で学びます）とよばれる点です。

たとえば、有意水準を 5% と設定すると、図の左右の網かけの部分の面積の合計値が 0.05 となります。

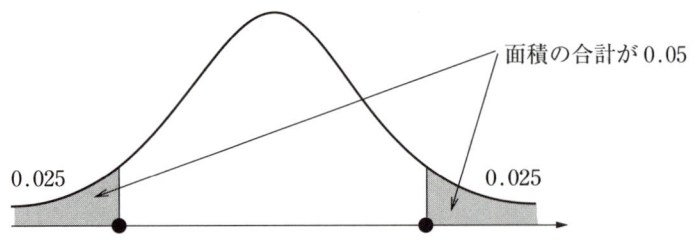

0.025　　　　　　　　　　　0.025　　面積の合計が0.05

図 10.2　有意水準 0.05 の時の棄却域の面積

　つまり、検定統計量の値が右側の棄却限界の点より大きい値、もしくは、左側の棄却限界の点より小さい値であれば、検定統計量は棄却域に入ります。

棄却限界　　　　　棄却限界　　　検定統計量の値

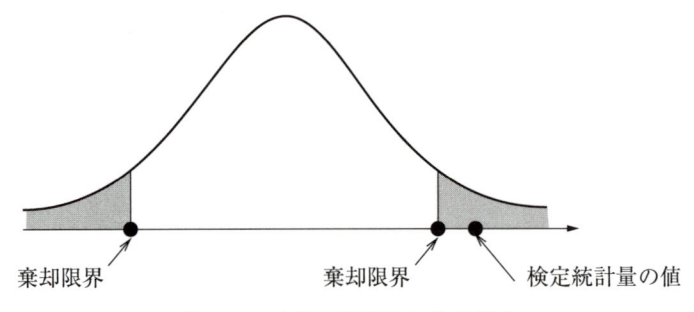

図 10.3　右側の棄却域に入る場合

検定統計量の値　棄却限界　　　　　　　　棄却限界

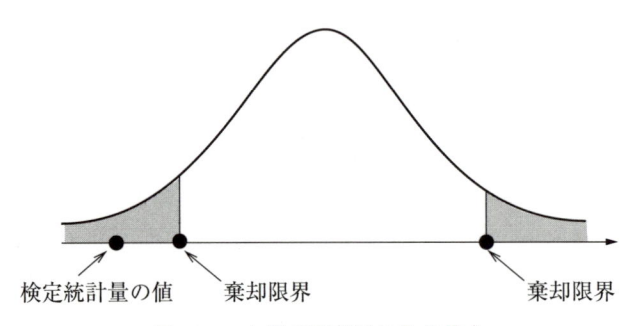

図 10.4　左側の棄却域に入る場合

　棄却限界の点は、検定統計量が従う確率分布と有意水準によって決まりますので、統計的検定において通常やるべきことは、データから検定統計量の値を求めることだけです。

🐟 仮説 H_0 が棄却できないとき

ところで、検定統計量が棄却域に入らなかったらどうなるでしょうか。

統計では、めったに起こらない水準が有意水準として決まっているので、検定統計量が棄却域に入らないということは、仮説 H_0 が起こると思ってしまいますね。

ところが、仮説 H_0 が棄却されないからといって、仮説 H_0 が起こると結論づけられるわけではありません。

ここのところがわかりにくいのですが、仮説の検定で、はっきりした判断が下せるのは仮説 H_0 が棄却されるときだけなのです。

実は、仮説の検定では、はじめから仮説 H_0 が棄却されることを期待しているので、仮説 H_0 は無に帰す仮説という意味で**帰無仮説** H_0 とよばれることもあります。

サンマの体長の例で考えれば、次のようになります。

T漁港で水揚げされるサンマの平均体長は 25 cm であるとします。このとき、次の2つのことはどちらが起こりにくいことでしょうか。

H_0：今年のサンマの平均体長は 25 cm である

H_1：今年のサンマの平均体長は 25 cm でない

今までの経験から、どうも今年のサンマは小さいなと思っているときには、対立仮説

H_1：今年のサンマの平均体長は 25 cm でない

が起こっているのではないか、となりますね。

そこで、このことを示すために水揚げされたサンマの体長を調べて検定統計量を計算し仮設 H_0 を棄却すればよい、ということになります。

10-2 母平均の検定

正規母集団からランダムに抽出された N 個の標本 $\{x_1, x_2, \cdots, x_N\}$ に対して、母平均 μ が μ_0 と一致しているかどうかの仮説の検定を母平均の検定といいます。

> **公式 — 母平均 μ の検定**
>
> 標本 $\{x_1, x_2, \cdots, x_N\}$ に対する母平均 μ の検定のための検定統計量は
>
> $$T(\bar{x}, s^2, N) = \frac{\bar{x} - \mu_0}{\sqrt{\dfrac{s^2}{N}}}$$
>
> この $T(\bar{x}, s^2, N)$ は自由度 $N-1$ の t 分布に従います。
> 式中の記号の意味は以下のとおり
> - $\bar{x}$：標本 $\{x_1, x_2, \cdots, x_N\}$ による標本平均
> - s^2：標本 $\{x_1, x_2, \cdots, x_N\}$ による標本分散
> - N：標本の数（データの数）
> - μ_0：母平均と一致しているか比較したい値

仮説 H_0 と対立仮説 H_1 は次のように立てます。

H_0：母平均 μ は μ_0 と一致している $(\mu = \mu_0)$

H_1：母平均 μ は μ_0 と一致していない $(\mu \neq \mu_0)$

次に、有意水準を α とすると棄却域は図10.5のようになります。

棄却限界 $-t\left(N-1; \dfrac{\alpha}{2}\right)$　　棄却限界 $t\left(N-1; \dfrac{\alpha}{2}\right)$

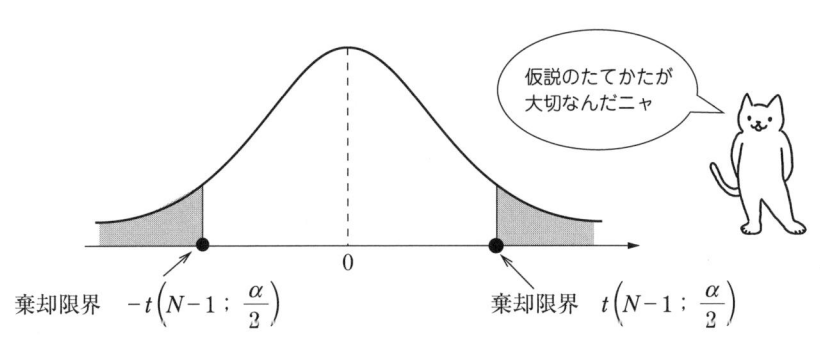

図 10.5　t 分布の棄却域

仮説のたてかたが大切なんだニャ

この $t\left(N-1;\dfrac{\alpha}{2}\right)$ の値を求めるためには 8-4 節で学んだように巻末の t 分布の数表から求めます。したがって、標本 $\{x_1, x_2, \cdots, x_N\}$ から計算された検定統計量 $T(\bar{x}, s^2, N)$ の値が次の①または②の不等式を満たすとき、仮説 H_0 が棄てられます（棄却される）。

$$T(\bar{x}, s^2, N) \geq t\left(N-1;\dfrac{\alpha}{2}\right) \text{\,\,\,\,\,\,\,\,\,} ①$$

$$T(\bar{x}, s^2, N) \leq -t\left(N-1;\dfrac{\alpha}{2}\right) \text{\,\,\,\,\,\,\,\,\,} ②$$

これらを図に表すと図 10.6 および図 10.7 のようになります。

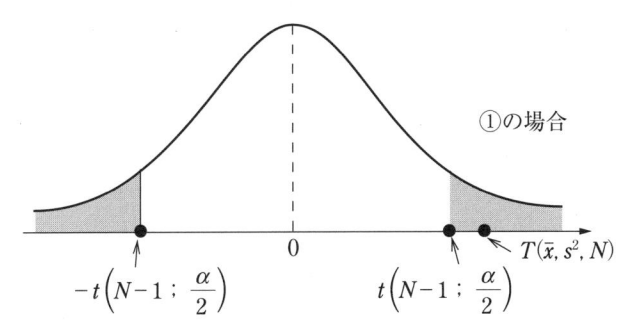

図 10.6　右側の棄却域に入る場合

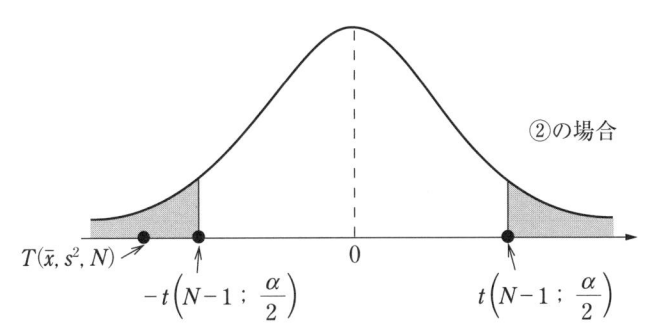

図 10.7　左側の棄却域に入る場合

例題 10-1

ある漁港組合のデータによると、T 漁港で水揚げされるサンマの平均体長は 25.0 cm だそうです。

今年水揚げされたサンマの中からランダムに 8 匹取り出したところ、その体長は表 10.1 のようになりました。

表 10.1 サンマの体長

No.	サンマの体長
1	25.1 cm
2	25.0 cm
3	25.3 cm
4	25.5 cm
5	24.9 cm
6	25.2 cm
7	25.1 cm
8	25.4 cm

平均体長は25.0cmといえるかな？有意水準5%で検定してみよう

サンマ

このデータから今年のサンマの平均体長は 25.0 cm といえるでしょうか。有意水準 5% で母平均の検定を行いましょう。

Step1 母集団に対して、仮説 H_0 と対立仮説 H_1 を立てる

母集団は今年のサンマの体長です。この例では、母平均 μ と一致しているかどうか調べる値は $\mu_0 = 25.0$ となります。

よって、

H_0：今年のサンマの平均体長は 25.0 cm と一致している $(\mu = 25.0)$

H_1：今年のサンマの平均体長は 25.0 cm と一致していない $(\mu \neq 25.0)$

となります。

Step2 検定統計量 $T(\bar{x}, s^2, N)$ を計算

$T(\bar{x}, s^2, N)$ を計算するためには標本平均 $\bar{x}$ と標本分散 s^2 が必要になります。9-2節で分散の計算をしたように表（表10.2）を作りましょう。

表10.2 サンマの体長の分散を計算する準備

No.	x	x^2
1	25.1	630.01
2	25.0	625.00
3	25.3	640.09
4	25.5	650.25
5	24.9	620.01
6	25.2	635.04
7	25.1	630.01
8	25.4	645.16
合計	201.5	5075.57

これより

$$標本平均\ \bar{x} = \frac{201.5}{8} = 25.19$$

$$標本分散\ s^2 = \frac{8 \times 5075.57 - (201.5)^2}{8 \times (8-1)} = 0.04125$$

となります。

$N=8$ より検定統計量 $T(\bar{x}, s^2, N)$ は

$$T(\bar{x}, s^2, N) = \frac{\bar{x} - \mu_0}{\sqrt{\dfrac{s^2}{N}}} = \frac{25.19 - 25.0}{\sqrt{\dfrac{0.04125}{8}}} = 2.646$$

となります。

> **Step3** Step2 で求めた検定統計量が棄却域を満たすか否かを調べる

検定統計量 $T(\bar{x}, s^2, N)$ は自由度 $8-1=7$ の t 分布に従います。
有意水準 $\alpha=0.05$ であるので、棄却域は図 10.8 のようになります。

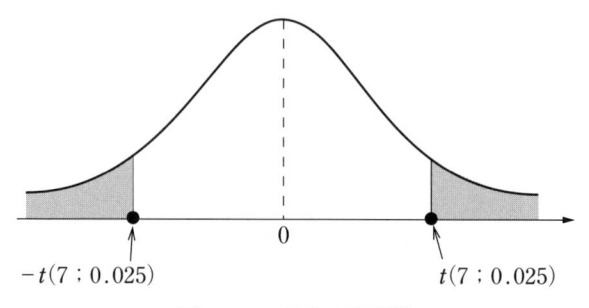

図 10.8　t 分布の棄却域

巻末の t 分布の数表より $t(7 ; 0.025)=2.365$ です。よって、検定統計量 $T(\bar{x}, s^2, N)$ は $T(\bar{x}, s^2, N)=2.646 \geq t(7 ; 0.025)=2.365$ を満たすので棄却域に入ります。

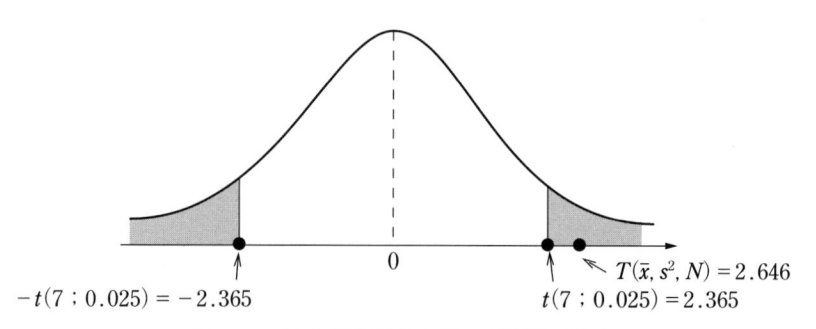

図 10.9　検定統計量は右側の棄却域に入る

したがって、仮説 H_0 は棄却されることがわかります。これより、対立仮説 H_1 が採用されるので、今年のサンマの平均体長は 25.0 cm に一致していないと判断することができます。

10-3 母比率の検定

母集団が、ある2つの集団 A と集合 $\bar{A}$ に分けられるとき、その母集団を **2項母集団** といいます。そこからランダムに抽出された N 個の標本 $\{x_1, x_2, \cdots, x_N\}$ に対して、母比率 p が p_0 と一致しているかどうかの仮説の検定を **母比率の検定** といいます。

よって、母集団はなんらかの規則で2つの集団 A と集合 $\bar{A}$ に分けられるものとします。

公式 — 母比率 p の検定

標本 $\{x_1, x_2, \cdots, x_N\}$ に対する母比率 p の検定のための検定統計量は

$$T(m, N) = \frac{\dfrac{m}{N} - p_0}{\sqrt{\dfrac{p_0(1-p_0)}{N}}}$$

この $T(m, N)$ は標準正規分布に従います。

式中の記号の意味は以下のとおり

m：標本 $\{x_1, x_2, \cdots, x_N\}$ のなかで集合 A に含まれる個数

N：標本の数（データの数）、p_0：母比率 p と一致しているか比較したい値

	A	$\bar{A}$
標本数	m	$N-m$

標本比率 $\dfrac{m}{N}$

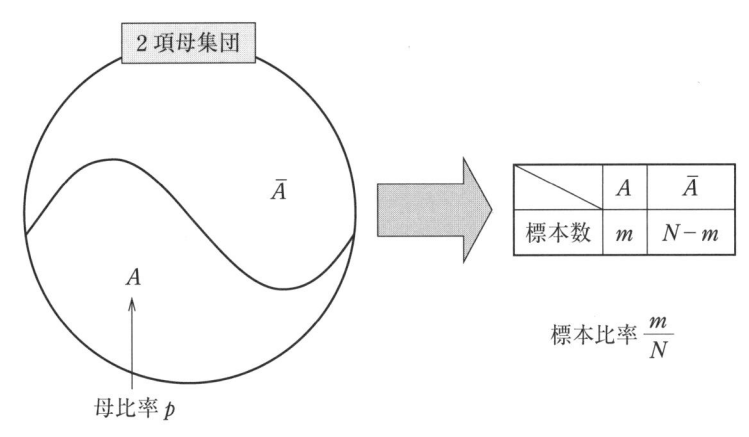

図 10.10　2項母集団とその標本

仮説 H_0 と対立仮説 H_1 は次のように立てます。

H_0：母比率 p は p_0 と一致している　$(p = p_0)$

H_1：母比率 p は p_0 と一致していない　$(p \neq p_0)$

次に、有意水準を α とすると、棄却域は図 10.11 のようになります。

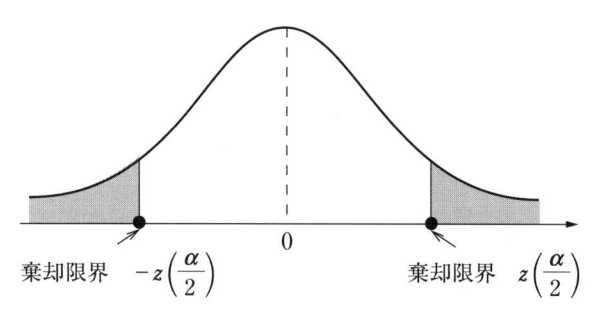

図 10.11　標準正規分布の棄却域

この $z\left(\dfrac{\alpha}{2}\right)$ の値を求めるためには 8-3 節で学んだように巻末の標準正規分布の数表から求めます。したがって、標本 $\{x_1, x_2, \cdots, x_N\}$ から計算された検定統計量 $T(m, N)$ の値が次の①または②の不等式を満たすとき、仮説 H_0 が棄てられます（棄却される）。

$$T(m, N) \geq z\left(\dfrac{\alpha}{2}\right) \quad \text{―――――} \quad ①$$

$$T(m, N) \leq -z\left(\dfrac{\alpha}{2}\right) \quad \text{―――――} \quad ②$$

これらを図に表すと図 10.12 および図 10.13 のようになります。

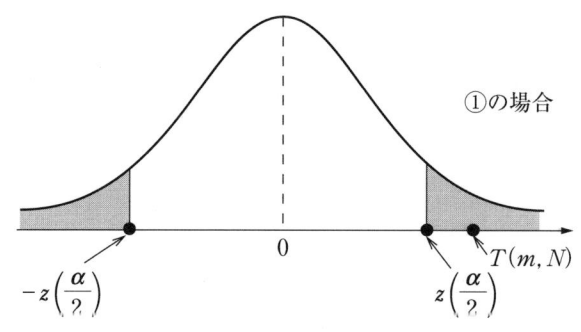

図 10.12　右側の棄却域に入る場合

②の場合

$T(m,N)$
$-z\left(\dfrac{\alpha}{2}\right)$ $z\left(\dfrac{\alpha}{2}\right)$

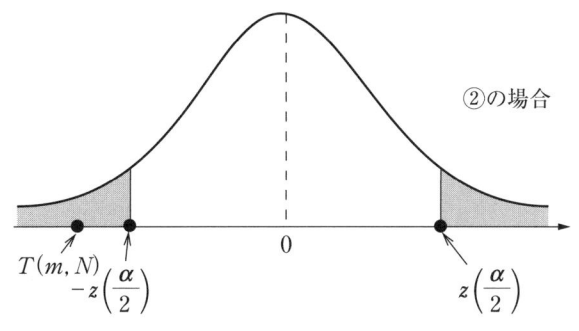

図 10.13　左側の棄却域に入る場合

例題 10-2

ある漁港組合のデータによると、例年9月にT漁港で水揚げされる魚類のうちサンマの割合は 54% だそうです。

今年の9月に水揚げされた魚類 1000 匹のうちサンマの数は 503 匹でした。

表 10.3　今年の9月のサンマの匹数

サンマの匹数	その他の魚類
503 匹	497 匹

今年のサンマの割合は 54% といえるでしょうか。有意水準 5% で母比率の検定を行いましょう。

Step1 母集団に対して、仮説 H_0 と対立仮説 H_1 を立てる

母集団は今年の9月にT漁港で水揚げされた魚類です。この例では、母比率 p と一致しているかどうか調べる値は $p_0=0.54$ となります。

よって、

  H_0：今年の9月のサンマの割合は 0.54 と一致している（$p=0.54$）

  H_1：今年の9月のサンマの割合は 0.54 と一致していない（$p\neq 0.54$）

となります。

> Step2 検定統計量 $T(m, N)$ を計算

表 10.4 サンマとその他の魚類の匹数

サンマの匹数	その他の魚類	合計
503 匹	497 匹	1000 匹

これより

$$標本比率 \frac{m}{N} = \frac{503}{1000} = 0.5030$$

となります。

これより検定統計量 $T(m, N)$ は

$$T(m, N) = \frac{\frac{m}{N} - p_0}{\sqrt{\frac{p_0(1-p_0)}{N}}} = \frac{0.5030 - 0.54}{\sqrt{\frac{0.54 \times (1-0.54)}{1000}}} = -2.348$$

となります。

> Step3 Step2 で求めた検定統計量が棄却域を満たすか否かを調べる

この検定統計量 $T(m, N)$ は標準正規分布に従います。有意水準 $\alpha = 0.05$ であるので、棄却域は次のようになります。

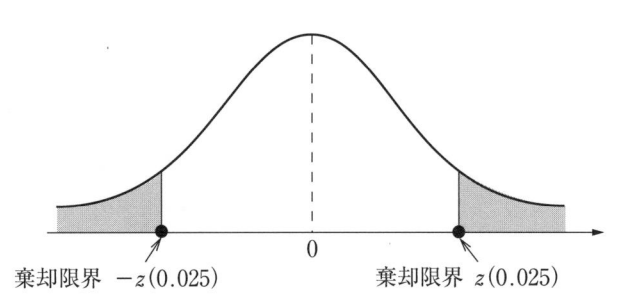

図 10.14 標準正規分布の棄却域

巻末の標準正規分布の数表より $z(0.025)=1.96$ です。検定統計量 $T(m,N)$ は $T(m,N)=-2.348 \leqq -z(0.025)=-1.96$ を満たすので棄却域に入ります。

$T(m,N)=-2.348$
$-z(0.025)=-1.96$

$z(0.025)=-1.96$

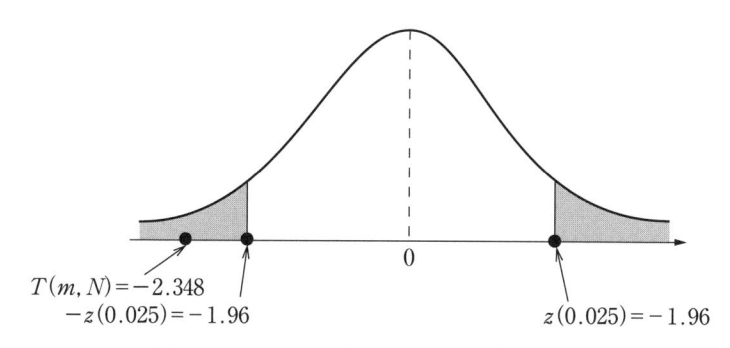

図 10.15　検定統計量は左側の棄却域に入る

したがって、仮説 H_0 は棄却されることがわかります。これより、対立仮説 H_1 が採用されるので、今年の 9 月のサンマの割合は 0.54 と一致していないと判断することができます。

練習問題

次の統計的検定を行いましょう。

1 アマゾン川の支流のマディラ川に生息しているコリドラスの体長について調べたところ次のようなデータが得られました。

No.	マディラ川
1	4.99 cm
2	4.77 cm
3	4.92 cm
4	4.87 cm
5	5.28 cm
6	5.03 cm
7	5.15 cm
8	5.15 cm

マディラ川に生息しているコリドラスの母平均は 5.00 cm といわれています。母集団の分散がわからない場合の母平均の検定を、有意水準 5% で行いましょう。

2 アマゾン川の支流のマディラ川に生息している魚類のうちピラルクの割合は 1.5% といわれています。マディラ川での魚類の調査の結果、次のようなデータが得られました。

マディラ川

ピラルク	その他の魚類
8 匹	314 匹

マディラ川に生息しているピラルクの割合は 1.5% といえるでしょうか。有意水準 5% で母比率の検定を行いましょう。

第 11 章
母集団に対する統計的検定②

　第 10 章では母平均の検定と母比率の検定について学びました。
　第 11 章では、2 つの母集団について、それぞれの母平均や母比率が互いに異なっているといえるかどうか調べる検定方法を学びます。
　この検定方法を使うと、2 つの異なる母集団の比較をすることができるので、条件の違いにより結果が異なるといえるかどうか調べることができます。

11-1 2つの母平均の差の検定

ある魚類研究者が、アマゾン川の2つの支流において、同じ種類のコリドラスの体長の調査をしたところ、表11.1のようなデータを得ました。

表11.1 タバジョス川とプルス川のコリドラスの体長

No.	タバジョス川	No.	プルス川
1	5.33 cm	1	4.73 cm
2	5.33 cm	2	4.63 cm
3	4.84 cm	3	4.51 cm
4	5.27 cm	4	4.85 cm
5	4.71 cm	5	5.22 cm
6	5.28 cm	6	5.06 cm
7	5.01 cm	7	4.54 cm
8	5.41 cm	8	4.53 cm

同じ種類のコリドラスであるのにタバジョス川とプルス川では体長に違いがあるように見えます。

このタバジョス川とプルス川のコリドラスは体長に違いがあるかどうか統計的に判断できないものでしょうか。

このような問題においては、2つの母平均の差の検定が使えます。

10-2節の母平均の検定では、予め与えられた値 μ_0 と母平均 μ とを比較しました。2つの母平均の差の検定では、その名の通り、2つの母集団の母平均に違いがあるかどうか判定できます。

ところが、1つ問題があります。この検定は母平均の検定のときと同じように標本は正規母集団から抽出されたものだけに使えます。9-2節で学んだように正規分布に従う母集団を正規母集団とよんでいたことを思い出してください。正規分布は母平均と母分散の2つの値から決まる分布でした。
　したがって、2つの母平均の差の検定をするときに、比較する2つの正規母集団の母分散がどうなっているのか知る必要があります。
　しかしながら、タバジョス川とプルス川の調査から得られた標本だけでは、それぞれの川に生息しているコリドラスについて標本分散は計算できても母分散がどのような値なのかまではわかりません。
　そうはいっても、同じ種類のコリドラスなのですから、母分散つまりデータのばらつき具合は同じくらいであっても不思議ではありません。

　このように、母分散の値がはっきりとした値としてわかっていなくても、せめて同じか違うかがわかれば、それぞれの標本から計算される標本分散を用いることで2つの母平均の差の検定をすることができます。
　もちろん、母分散の値がはっきりとわかっている場合は、その値を用いることによって正確な2つの母平均の差の検定ができます。

分散 σ_1^2 = 分散 σ_2^2 のように2つの分散が等しいことを**等分散**というニャ

🐟 比較する 2 つのグループの等分散を仮定する場合の、2 つの母平均の差の検定

公式　2 つの母平均の差の検定

グループ 1 の標本 $\{x_1, x_2, \cdots, x_{N_1}\}$ とグループ 2 の標本 $\{x_1, x_2, \cdots, x_{N_2}\}$ に対する 2 つの母平均の差 $\mu_1 - \mu_2$ の検定のための検定統計量は

$$T(\bar{x}_1, \bar{x}_2, s^2, N_1, N_2) = \frac{\bar{x}_1 - \bar{x}_2}{\sqrt{\left(\frac{1}{N_1} + \frac{1}{N_2}\right)s^2}}$$

この $T(\bar{x}_1, \bar{x}_2, s^2, N_1, N_2)$ は自由度 $N_1 + N_2 - 2$ の t 分布に従います。
式中の記号の意味は以下のとおり

$\bar{x}_1, s_1^2$：標本 $\{x_1, x_2, \cdots, x_{N_1}\}$ による標本平均と標本分散

$\bar{x}_2, s_2^2$：標本 $\{x_1, x_2, \cdots, x_{N_2}\}$ による標本平均と標本分散

s^2：**共通の分散** $s^2 = \dfrac{(N_1 - 1)s_1^2 + (N_2 - 1)s_2^2}{N_1 + N_2 - 2}$

仮説 H_0 と対立仮説 H_1 は次のように立てます。グループ 1 の母平均を μ_1、グループ 2 の母平均を μ_2 とすると、

　　H_0：グループ 1 とグループ 2 の母平均は一致している（$\mu_1 = \mu_2$）

　　H_1：グループ 1 とグループ 2 の母平均は一致していない（$\mu_1 \neq \mu_2$）

有意水準を α とすると棄却限界は図 11.1 のようになります。

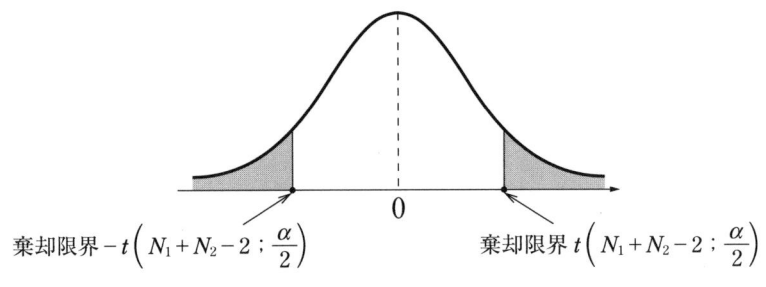

棄却限界 $-t\left(N_1 + N_2 - 2 ; \dfrac{\alpha}{2}\right)$　　　棄却限界 $t\left(N_1 + N_2 - 2 ; \dfrac{\alpha}{2}\right)$

図 11.1　t 分布の棄却域

この $t\left(N_1+N_2-2\,;\dfrac{\alpha}{2}\right)$ の値を求めるためには 8-4 節で学んだように巻末の t 分布の数表から求めます。したがって、2 つの標本 $\{x_1, x_2, \cdots, x_{N_1}\}$ と $\{x_1, x_2, \cdots, x_{N_2}\}$ から計算された検定統計量 $T(\bar{x}_1, \bar{x}_2, s^2, N_1, N_2)$ の値が次の①または②の不等式を満たすとき、仮説 H_0 が棄てられます。

$$T(\bar{x}_1, \bar{x}_2, s^2, N_1, N_2) \geq t\left(N_1+N_2-2\,;\dfrac{\alpha}{2}\right) \quad \text{───────} \quad ①$$

$$T(\bar{x}_1, \bar{x}_2, s^2, N_1, N_2) \leq -t\left(N_1+N_2-2\,;\dfrac{\alpha}{2}\right) \quad \text{───────} \quad ②$$

これらを図に表すと図 11.2 および図 11.3 のようになります。

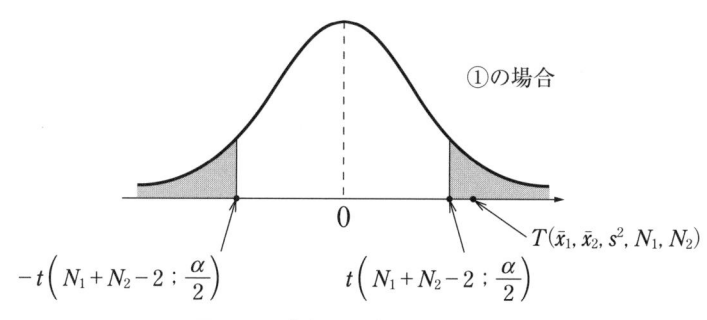

図 11.2　右側の棄却域に入る場合

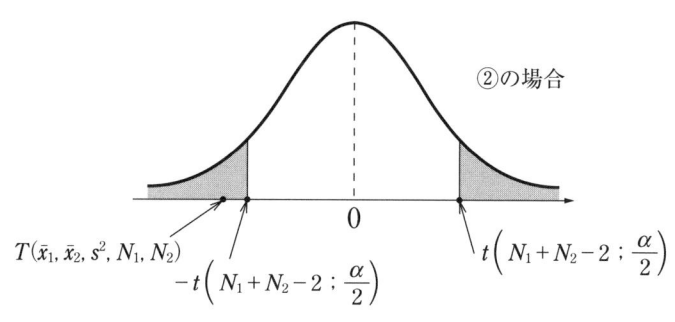

図 11.3　左側の棄却域に入る場合

例題 11-1

先ほどのタパジョス川とプルス川のコリドラスのデータを使って、2つの川のコリドラスの体長に違いがあるかどうか、有意水準 5% で2つの母平均の差の検定を行いましょう。

表 11.2　2つの川のコリドラスの体長

No.	タパジョス川	No.	プルス川
1	5.33 cm	1	4.73 cm
2	5.33 cm	2	4.63 cm
3	4.84 cm	3	4.51 cm
4	5.27 cm	4	4.85 cm
5	4.71 cm	5	5.22 cm
6	5.28 cm	6	5.06 cm
7	5.01 cm	7	4.54 cm
8	5.41 cm	8	4.53 cm

Step1　2つの母集団に対して、仮説 H_0 と対立仮説 H_1 を立てる

2つの母集団はタパジョス川のコリドラスとプルス川のコリドラスです。それぞれの母平均はタパジョス川のコリドラスの平均体長 μ_1 とプルス川のコリドラスの平均体長 μ_2 です。

よって、

H_0：2つの川のコリドラスの平均体長は一致する（$\mu_1 = \mu_2$）

H_1：2つの川のコリドラスの平均体長は一致しない（$\mu_1 \neq \mu_2$）

となります。

仮説 H_0 はいつも $\mu_1 = \mu_2$ なんだニャ

> **Step2** 検定統計量 $T(\bar{x}_1, \bar{x}_2, s^2, N_1, N_2)$ を計算

$T(\bar{x}_1, \bar{x}_2, s^2, N_1, N_2)$ を計算するためには標本平均と標本分散が必要になります。10-2 節で分散の計算をしたように表 11.3 のような表を作りましょう。

表 11.3 コリドラスの体長の分散を求める準備

No.	x_1	x_1^2	No.	x_1	x_1^2
1	5.33	28.4089	1	4.73	22.3729
2	5.33	28.4089	2	4.63	21.4369
3	4.84	23.4256	3	4.51	20.3401
4	5.27	27.7729	4	4.85	23.5225
5	4.71	22.1841	5	5.22	27.2484
6	5.28	27.8784	6	5.06	25.6036
7	5.01	25.1001	7	4.54	20.6116
8	5.41	29.2681	8	4.53	20.5209
合計	41.18	212.4470	合計	38.07	181.6569

これよりタバジョス川とプルス川の標本平均と標本分散は次のようになります。

タバジョス川の平均と分散	プルス川の平均と分散
標本平均 $\bar{x}_1 = \dfrac{41.18}{8} = 5.148$	標本平均 $\bar{x}_2 = \dfrac{38.07}{8} = 4.759$
標本分散 $s_1^2 = \dfrac{8 \times 212.447 - (41.18)^2}{8 \times (8-1)}$ $= 0.06756$	標本分散 $s_2^2 = \dfrac{8 \times 181.6569 - (38.07)^2}{8 \times (8-1)}$ $= 0.07018$

共通の分散

$$s^2 = \frac{(N_1-1)s_1^2 + (N_2-1)s_2^2}{N_1+N_2-2} = \frac{(8-1)\times 0.06756 + (8-1)\times 0.07018}{8+8-2}$$
$$= 0.06887$$

となります。

$N_1=8, N_2=8$ より、検定統計量 $T(\bar{x}_1, \bar{x}_2, s^2, N_1, N_2)$ は

$$T(\bar{x}_1, \bar{x}_2, s^2, N_1, N_2) = \frac{\bar{x}_1 - \bar{x}_2}{\sqrt{\left(\frac{1}{N_1}+\frac{1}{N_2}\right)s^2}}$$
$$= \frac{5.148 - 4.759}{\sqrt{\left(\frac{1}{8}+\frac{1}{8}\right)\times 0.06887}}$$
$$= 2.965$$

となります。

Step3 **Step2 で求めた検定統計量が棄却域を満たすか否かを調べる**

検定統計量 $T(\bar{x}_1, \bar{x}_2, s^2, N_1, N_2)$ は自由度 $8+8-2=14$ の t 分布に従いますから、有意水準 $\alpha=0.05$ であるので、棄却域は図 11.4 のようになります。

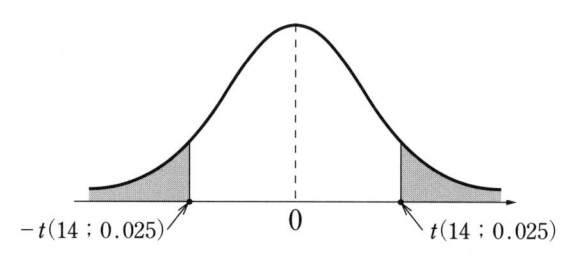

図 11.4　t 分布の棄却域

巻末の t 分布の数表より $t(14;0.025)=2.145$ です。よって、検定統計量 $T(\bar{x}_1, \bar{x}_2, s^2, N_1, N_2)$ は $T(\bar{x}_1, \bar{x}_2, s^2, N_1, N_2)=2.965 \geqq t(14;0.025)=2.145$ を満たすので、検定統計量は棄却域に入ります。

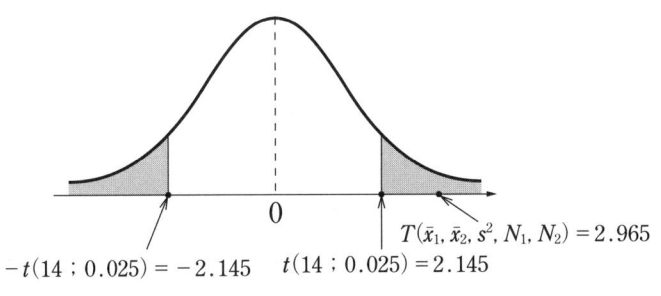

図11.5 検定統計量は右側の棄却域に入る

したがって、仮説 H_0 は棄却されるので、対立仮説 H_1 が採用されます。よって、タバジョス川とプルス川のコリドラスの体長の母平均は一致していないと判断することができます。

つまり、タバジョス川とプルス川のコリドラスの平均体長は異なるといえます。

> 対立仮説 H_1 が採用されるということは、2つの川のコリドラスの平均体長に差があったってことだね

コリドラス・ステルバイ

🐟 比較する２つのグループの等分散を仮定しない場合の、２つの母平均の差の検定

公式　２つの母平均の差の検定

グループ１の標本 $\{x_1, x_2, \cdots, x_{N_1}\}$ とグループ２の標本 $\{x_1, x_2, \cdots, x_{N_2}\}$ に対する２つの母平均の差 $\mu_1 - \mu_2$ の検定のための検定統計量は

$$T(\bar{x}_1, \bar{x}_2, s_1^2, s_2^2, N_1, N_2) = \frac{\bar{x}_1 - \bar{x}_2}{\sqrt{\dfrac{s_1^2}{N_1} + \dfrac{s_2^2}{N_2}}}$$

この $T(\bar{x}_1, \bar{x}_2, s_1^2, s_2^2, N_1, N_2)$ は自由度 m の t 分布に従います。
式中の記号の意味は以下のとおり

$\bar{x}_1, s_1^2$：標本 $\{x_1, x_2, \cdots, x_{N_1}\}$ による標本平均と標本分散

$\bar{x}_2, s_2^2$：標本 $\{x_1, x_2, \cdots, x_{N_2}\}$ による標本平均と標本分散

m： $m = \dfrac{\left(\dfrac{s_1^2}{N_1} + \dfrac{s_2^2}{N_2}\right)^2}{\dfrac{(s_1^2)^2}{N_1^2(N_1-1)} + \dfrac{(s_2^2)^2}{N_2^2(N_2-1)}}$ により計算します。

m が整数でないときは、小数点以下を四捨五入して整数値にします。

仮説 H_0 と対立仮説 H_1 は次のように立てます。グループ１の母平均を μ_1、グループ２の母平均を μ_2 とすると、

H_0：グループ１とグループ２の母平均は一致している（$\mu_1 = \mu_2$）

H_1：グループ１とグループ２の母平均は一致していない（$\mu_1 \neq \mu_2$）

有意水準を α とすると棄却域は図11.6ようになります。

> この検定はウェルチの検定とよばれているニャ

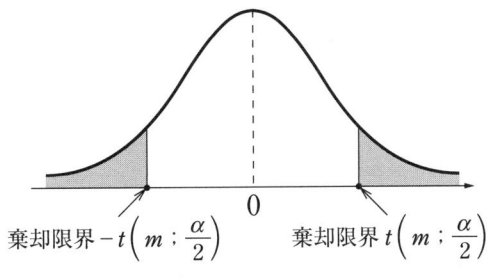

図11.6 t分布の棄却域

この $t\left(m\,;\dfrac{\alpha}{2}\right)$ の値を求めるためには8-4節で学んだように巻末の t 分布の数表から求めます。したがって、2つの標本 $\{x_1, x_2, \cdots, x_{N_1}\}$ と $\{x_1, x_2, \cdots, x_{N_2}\}$ から計算された検定統計量 $T(\bar{x}_1, \bar{x}_2, s_1^2, s_2^2, N_1, N_2)$ の値が、次の①または②の不等式を満たすとき、仮説 H_0 が棄てられます。

$$T(\bar{x}_1, \bar{x}_2, s_1^2, s_2^2, N_1, N_2) \geqq t\left(m\,;\dfrac{\alpha}{2}\right) \quad \text{―――――} \quad ①$$

$$T(\bar{x}_1, \bar{x}_2, s_1^2, s_2^2, N_1, N_2) \leqq -t\left(m\,;\dfrac{\alpha}{2}\right) \quad \text{―――――} \quad ②$$

これらを図に表すと図11.7、および、図11.8のようになります。

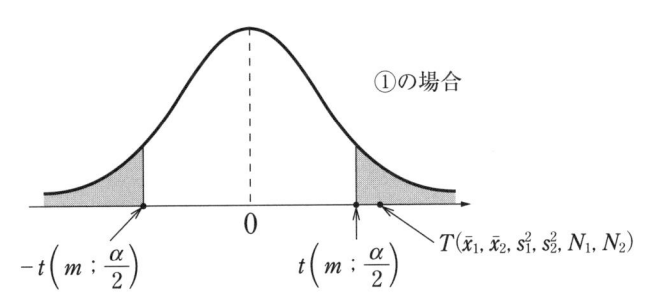

図11.7 右側の棄却域に入る場合

②の場合

$T(\bar{x}_1, \bar{x}_2, s_1^2, s_2^2, N_1, N_2)$ $-t\left(m;\dfrac{\alpha}{2}\right)$ 0 $t\left(m;\dfrac{\alpha}{2}\right)$

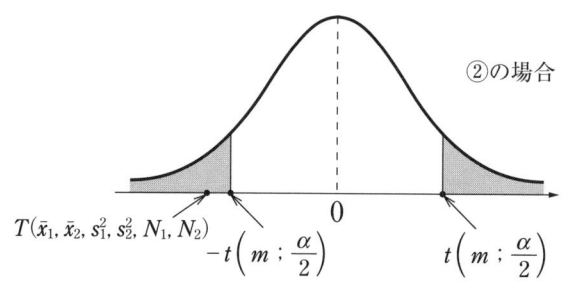

図 11.8 左側の棄却域に入る場合

例題 11-2

先ほどのタバジョス川とプルス川のコリドラスのデータを使って、2つの川のコリドラスの体長に違いがあるかどうか、有意水準 5% で等分散を仮定しない2つの母平均の差の検定を行いましょう。

表 11.4 タバジョス川とプルス川のコリドラスの体長

No.	タバジョス川	No.	プルス川
1	5.33 cm	1	4.73 cm
2	5.33 cm	2	4.63 cm
3	4.84 cm	3	4.51 cm
4	5.27 cm	4	4.85 cm
5	4.71 cm	5	5.22 cm
6	5.28 cm	6	5.06 cm
7	5.01 cm	7	4.54 cm
8	5.41 cm	8	4.53 cm

Step1　**2つの母集団に対して、仮説 H_0 と対立仮説 H_1 を立てる**

2つの母集団はタバジョス川のコリドラスとプルス川のコリドラスの体長です。それぞれの母平均はタバジョス川のコリドラスの平均体長 μ_1 とプルス川のコリドラスの平均体長 μ_2 です。

よって、

H_0：2つの川のコリドラスの平均体長は一致している（$\mu_1 = \mu_2$）

H_1：2つの川のコリドラスの平均体長は一致していない（$\mu_1 \neq \mu_2$）

となります。

Step2　**検定統計量 $T(\bar{x}_1, \bar{x}_2, s_1^2, s_2^2, N_1, N_2)$ を計算**

$T(\bar{x}_1, \bar{x}_2, s_1^2, s_2^2, N_1, N_2)$ を計算するためには標本平均と標本分散が必要になりますが、先ほど計算した値を利用しましょう。

タバジョス川の平均と分散	プルス川の平均と分散
標本平均 $\bar{x}_1 = 5.148$	標本平均 $\bar{x}_2 = 4.759$
標本分散 $s_1^2 = 0.06756$	標本分散 $s_2^2 = 0.07018$

次に自由度 m を計算すると

$$自由度\ m = \frac{\left(\frac{s_1^2}{N_1} + \frac{s_2^2}{N_2}\right)^2}{\frac{(s_1^2)^2}{N_1^2(N_1-1)} + \frac{(s_2^2)^2}{N_2^2(N_2-1)}} = \frac{\left(\frac{0.06756}{8} + \frac{0.07018}{8}\right)^2}{\frac{0.06756^2}{8^2(8-1)} + \frac{0.07018^2}{8^2(8-1)}}$$

$$= 13.99$$

であるので、一番近い整数値は 14 となります。

次に、検定統計量 $T(\bar{x}_1, \bar{x}_2, s_1^2, s_2^2, N_1, N_2)$ を計算すると

$$T(\bar{x}_1, \bar{x}_2, s_1^2, s_2^2, N_1, N_2) = \frac{\bar{x}_1 - \bar{x}_2}{\sqrt{\frac{s_1^2}{N_1} + \frac{s_2^2}{N_2}}} = \frac{5.148 - 4.759}{\sqrt{\frac{0.06756}{8} + \frac{0.07018}{8}}} = 2.965$$

となります。

> **Step3** **Step2 で求めた検定統計量が棄却域を満たすか否かを調べる**

この検定統計量 $T(\bar{x}_1, \bar{x}_2, s_1^2, s_2^2, N_1, N_2)$ は自由度 14 の t 分布に従います。有意水準 $\alpha=0.05$ であるので、棄却域は図 11.9 のようになります。

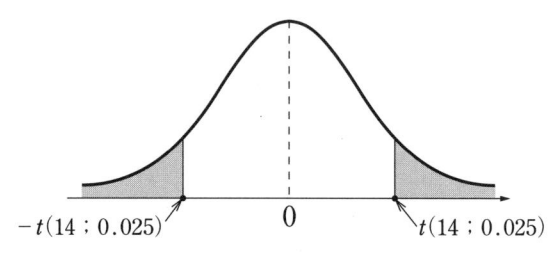

図 11.9　t 分布の棄却域

巻末の t 分布の数表より $t(14 ; 0.025)=2.145$ です。

検定統計量 $T(\bar{x}_1, \bar{x}_2, s_1^2, s_2^2, N_1, N_2)$ は $T(\bar{x}_1, \bar{x}_2, s_1^2, s_2^2, N_1, N_2)=2.965 \geqq t(14 ; 0.025)=2.145$ を満たすので、検定統計量は棄却域に入りますね。

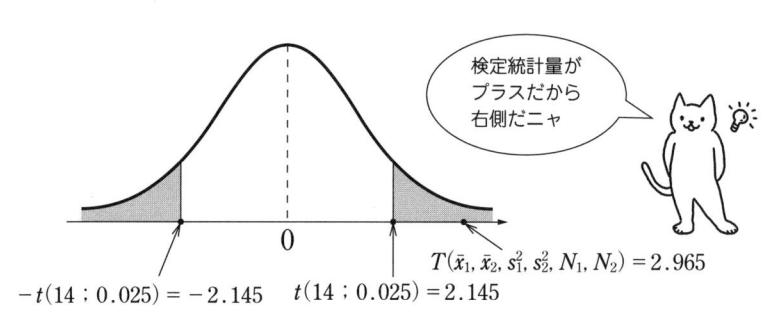

図 11.10　検定統計量は右側の棄却域に入る

したがって、仮説 H_0 は棄却され対立仮説 H_1 が採用されます。

タバジョス川とプルス川のコリドラスの体長の母平均は一致していないと判断することができます。つまり、2つの川のコリドラスの平均体長は異なるといえます。

11-2 2つの母比率の差の検定

アマゾン川の2つの支流において、支流によりコリドラスの比率は異なるのかどうか調査するためにウカヤリ川とシングー川において魚を網で捕まえたところ、表11.5のようなデータが得られました。

ウカヤリ川とシングー川でコリドラスの分布に違いがあるでしょうか。

表11.5 ウカヤリ川とシングー川のコリドラスの匹数

ウカヤリ川		シングー川	
コリドラス	その他の魚	コリドラス	その他の魚
68匹	224匹	77匹	287匹

このように、2つの母集団に対して、同じものの比率を比較する時に用いられるのが2つの母比率の差の検定です。

公式 2つの母比率の差の検定

グループ1の標本 $\{x_1, x_2, \cdots, x_{N_1}\}$ とグループ2の標本 $\{x_1, x_2, \cdots, x_{N_2}\}$ に対する2つの母比率の差 $p_1 - p_2$ の検定のための検定統計量は

$$T(m_1, m_2, N_1, N_2) = \frac{\frac{m_1}{N_1} - \frac{m_2}{N_2}}{\sqrt{p^*(1-p^*)\left(\frac{1}{N_1} + \frac{1}{N_2}\right)}}$$

この $T(m_1, m_2, N_1, N_2)$ は標準正規分布に従います。

式中の記号の意味は以下のとおり

p^*：**共通の比率** $p^* = \dfrac{m_1 + m_2}{N_1 + N_2}$ により計算します。

仮説 H_0 と対立仮説 H_1 は次のように立てます。

グループ1の母比率を p_1、グループ2の母比率を p_2 とすると、

H_0：グループ 1 とグループ 2 の母比率は一致している（$p_1 = p_2$）
H_1：グループ 1 とグループ 2 の母比率は一致していない（$p_1 \neq p_2$）

有意水準を α とすると棄却限界は $z\left(\dfrac{\alpha}{2}\right)$ と $-z\left(\dfrac{\alpha}{2}\right)$ なので、棄却域は図 11.11 のようになります。

棄却限界 $-z\left(\dfrac{\alpha}{2}\right)$　　棄却限界 $z\left(\dfrac{\alpha}{2}\right)$

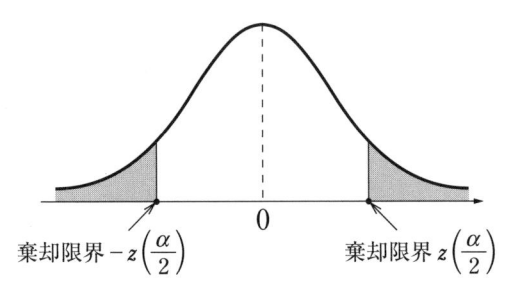

図 11.11　標準正規分布の棄却域

したがって、2 つの標本 $\{x_1, x_2, \cdots, x_{N_1}\}$ と $\{x_1, x_2, \cdots, x_{N_2}\}$ から計算された検定統計量 $T(m_1, m_2, N_1, N_2)$ の値が、次の①または②の不等式を満たすとき、仮説 H_0 が棄てられます。

$$T(m_1, m_2, N_1, N_2) \geqq z\left(\dfrac{\alpha}{2}\right) \quad \text{―――} \quad ①$$

$$T(m_1, m_2, N_1, N_2) \leqq -z\left(\dfrac{\alpha}{2}\right) \quad \text{―――} \quad ②$$

これらを図に表すと次の図 11.12 および図 11.13 のようになります。

①の場合

$-z\left(\dfrac{\alpha}{2}\right)$　　$z\left(\dfrac{\alpha}{2}\right)$　$T(m_1, m_2, N_1, N_2)$

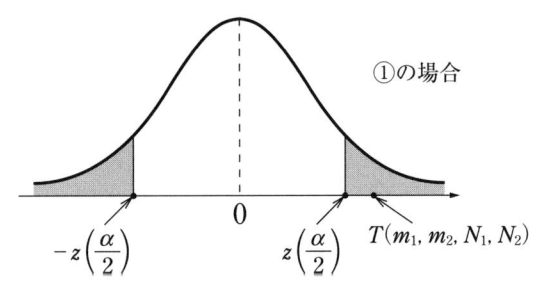

図 11.12　右側の棄却域に入る場合

②の場合

$T(m_1, m_2, N_1, N_2) \quad -z\left(\dfrac{\alpha}{2}\right) \quad 0 \quad z\left(\dfrac{\alpha}{2}\right)$

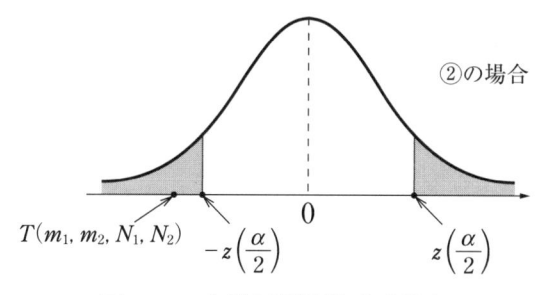

図 11.13　左側の棄却域に入る場合

例題 11-3

先ほどのウカヤリ川とシングー川のコリドラスのデータを使って、2つの母平均の差の検定を行いましょう。

2つの川のコリドラスの分布に違いがあるかどうか、有意水準5%で2つの母比率の差の検定を行いましょう。

表 11.6　ウカヤリ川とシングー川のコリドラスの匹数

ウカヤリ川		シングー川	
コリドラス	その他の魚	コリドラス	その他の魚
68 匹	224 匹	77 匹	287 匹

Step1　2つの母集団に対して、仮説と対立仮説を立てる

2つの母集団はウカヤリ川に生息している魚類とシングー川に生息している魚類です。それぞれの母比率はウカヤリ川のコリドラスの母比率 p_1 とシングー川のコリドラスの母比率 p_2 です。

よって、

H_0：2つの川のコリドラスの母比率は一致している（$p_1 = p_2$）

H_1：2つの川のコリドラスの母比率は一致していない（$p_1 \neq p_2$）

となります。

Step2　検定統計量 $T(m_1, m_2, N_1, N_2)$ を計算

$T(m_1, m_2, N_1, N_2)$ を計算するためには標本比率が必要になります。

ウカヤリ川の比率
$m_1=68,\ N_1=292$
標本比率 $\dfrac{m_1}{N_1}=\dfrac{68}{292}=0.2329$

シングー川の比率
$m_2=77,\ N_2=364$
標本比率 $\dfrac{m_2}{N_2}=\dfrac{77}{364}=0.2115$

$$共通の比率\ p^*=\frac{m_1+m_2}{N_1+N_2}=\frac{68+77}{292+364}=0.2210$$

これらの値を2つの母比率の差の検定の公式に代入すると、検定統計量は

$$T(m_1, m_2, N_1, N_2)=\frac{\dfrac{m_1}{N_1}-\dfrac{m_2}{N_2}}{\sqrt{p^*(1-p^*)\left(\dfrac{1}{N_1}+\dfrac{1}{N_2}\right)}}$$

$$=\frac{0.2329-0.2115}{\sqrt{0.2210(1-0.2210)\left(\dfrac{1}{292}+\dfrac{1}{364}\right)}}=0.6565$$

となります。

Step3　step2 で求めた検定統計量が棄却域を満たすか否かを調べる

この検定統計量 $T(m_1, m_2, N_1, N_2)$ は標準正規分布に従います。有意水準 $\alpha=0.05$ であるので、棄却域は図 11.14 のようになります。

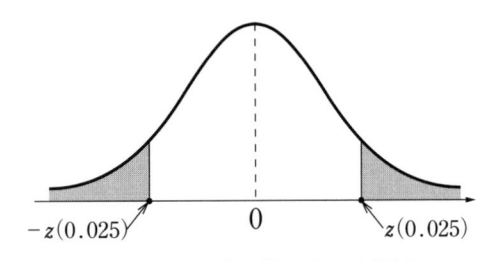

図 11.14　標準正規分布の棄却域

巻末の標準正規分布の数表より $z(0.025)=1.96$ です。よって、検定統計量 $T(m_1, m_2, N_1, N_2)$ は $T(m_1, m_2, N_1, N_2)=0.6565 \leq z(0.025)=1.96$ を満たすので、検定統計量は棄却域に入りません。

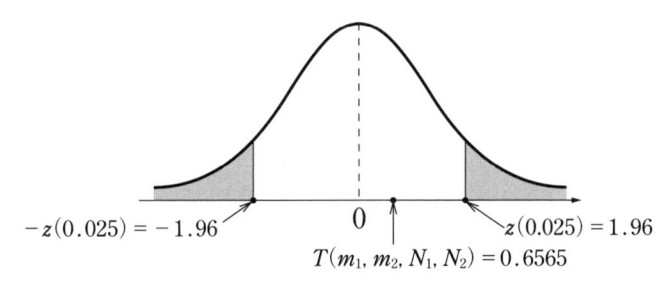

図11.15　検定統計量は棄却域に入らない

したがって、仮説 H_0 は棄却されないので、対立仮説 H_1 は採用されません。よって、ウカヤリ川とシングー川の母比率は一致していないと判断することはできません。

ここで、注意したいのは仮説 H_0 が棄却されないからといって、仮説 H_0 が採用されるわけではないということです。つまり、ウカヤリ川とシングー川の母比率が一致しているとも判断できません。

仮説 H_0 が棄却されないときは何もはっきりと判断できないことに気をつけてください。

練習問題

次の統計的検定を行いましょう。

1 アマゾン川の支流のマラニョン川とネグロ川に生息しているピラルクの分布について調べたところ次のようなデータが得られました。

マラニョン川	
ピラルク	その他の魚
7匹	314匹

ネグロ川	
ピラルク	その他の魚
15匹	273匹

マラニョン川とネグロ川に生息しているピラルクの生息比率に違いはあるでしょうか。有意水準5%で2つの母比率の差の検定を行いましょう。

2 アマゾン川の支流のマラニョン川とネグロ川に生息しているコリドラスの体長について調べたところ次のようなデータが得られました。

No.	マラニョン川	No.	ネグロ川
1	4.99 cm	1	4.86 cm
2	4.77 cm	2	5.04 cm
3	4.68 cm	3	4.66 cm
4	4.92 cm	4	5.31 cm
5	4.87 cm	5	5.28 cm
6	4.28 cm	6	4.99 cm
7	4.53 cm	7	5.37 cm
8	4.51 cm	8	4.96 cm

マラニョン川とネグロ川のコリドラスの平均体長に違いはあるでしょうか。2つの母集団の母分散は等しいと仮定して、2つの母平均の差の検定を有意水準5%で行いましょう。

練習問題の解答と解説

第 1 章の解答と解説

次のデータをグラフで表現しましょう。それぞれどのようなグラフを用いるとわかりやすく表現できるか考えながらやってみましょう。

1 漁港別ほっけの漁獲高

漁港	ほっけの漁獲高
稚内（わっかない）	36142 t
紋別（もんべつ）	20497 t
網走（あばしり）	9014 t
羅臼（らうす）	4186 t

漁港ごとの漁獲高の大小を比較できればよいので、縦棒グラフが適していると考えられます。

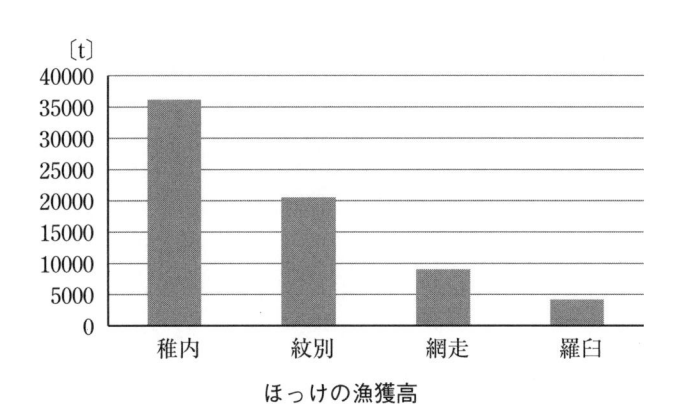

横棒を用いた横棒グラフでも構いません。

ほっけの漁獲高

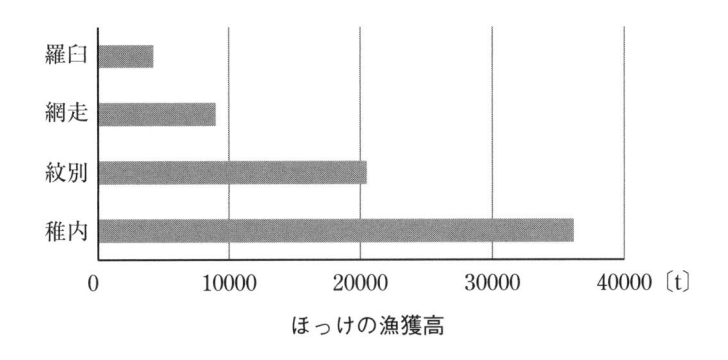

2 年次別サンマの漁獲高

年	サンマの漁獲高
2000 年	210782 t
2001 年	275424 t
2002 年	214208 t
2003 年	259483 t
2004 年	203159 t
2005 年	231198 t

時間の経過を伴うデータであるので、折れ線グラフが適していると考えられます。

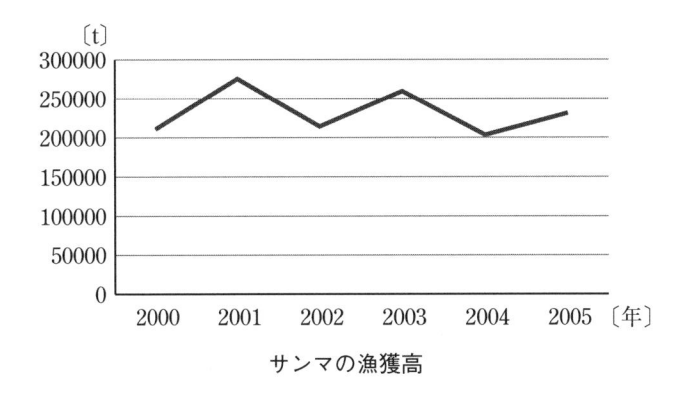

サンマの漁獲高

場合によっては、縦棒グラフを使ってもよいでしょう。

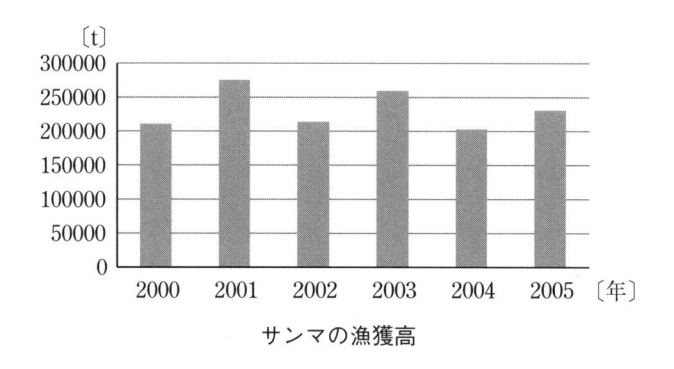

サンマの漁獲高

3 漁港別マグロ類とカツオの漁獲高

	びんながマグロ	めばちマグロ	きはだマグロ	カツオ
気仙沼	6650 t	1171 t	4063 t	7546 t
塩釜	2670 t	1966 t	1391 t	368 t
銚子	1677 t	2143 t	2874 t	2244 t
勝浦	6354 t	2830 t	4005 t	8171 t

漁港間の水揚げの比較と、各漁港でどんな魚が多く水揚げされているかを見たいので、積み上げ棒グラフが適していると考えられます。

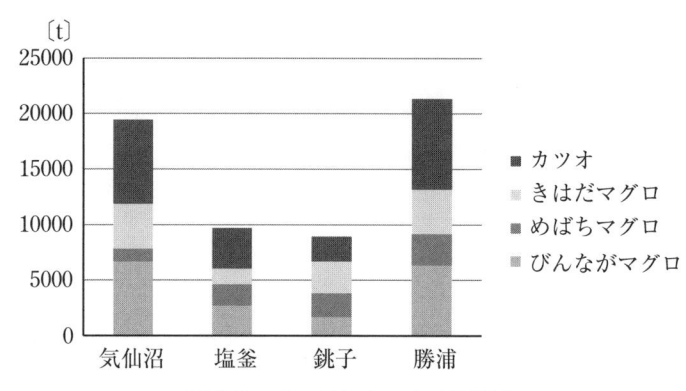

漁港別マグロ類とカツオの漁獲高

100％積み上げ棒グラフを使うと次のようになります。

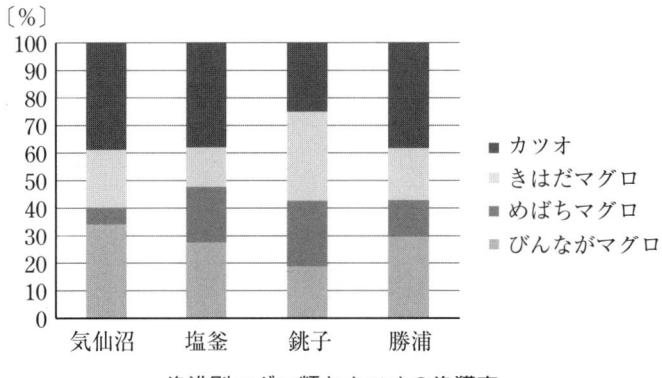

漁港別マグロ類とカツオの漁獲高

凡例：
- カツオ
- きはだマグロ
- めばちマグロ
- びんながマグロ

4 年次別スルメイカとコウイカの漁獲高

年	スルメイカ	コウイカ
2002 年	27356 t	7873 t
2003 年	25384 t	6883 t
2004 年	23460 t	7920 t
2005 年	22236 t	8225 t
2006 年	19031 t	7065 t

スルメイカとコウイカの2種類のイカの漁獲高の時間の経過によるデータですので、積み上げ面グラフが適していると考えられます。

年次別スルメイカとコウイカの漁獲高

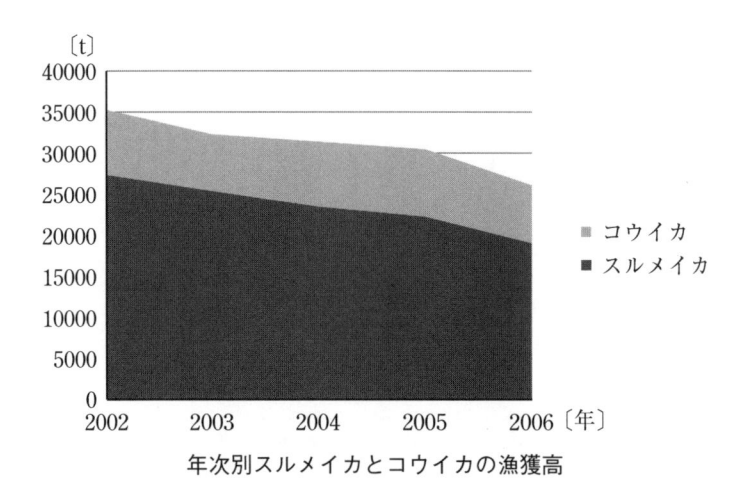

第2章の解答と解説

次のデータの平均 $\bar{x}$・分散 s^2・標準偏差 s を求めましょう。

1 南米に生息するアロワナの体長

No.	アロワナの体長
1	105 cm
2	108 cm
3	100 cm
4	107 cm
5	106 cm
6	101 cm

平均 $\bar{x}$・分散 s^2・標準偏差 s を求める公式にそれぞれ値を代入して計算すると、それぞれ次のようになります。

$$\bar{x} = \frac{105+108+100+107+106+101}{6} = 104.5$$

$$s^2 = \frac{(105-104.5)^2 + (108-104.5)^2 + (100-104.5)^2 + (107-104.5)^2 + (106-104.5)^2 + (101-104.5)^2}{6-1}$$

$$= \frac{0.25 + 12.25 + 20.25 + 6.25 + 2.25 + 12.25}{6-1}$$

$$= 10.70$$

$$s = \sqrt{s^2} = \sqrt{10.7} = 3.271$$

以上より、アロワナの体長の平均 104.5、分散 10.70、標準偏差 3.271 となることがわかります。

2 アマゾン川に生息するルビーテトラの体長

No.	ルビーテトラの体長
1	2.59 cm
2	2.58 cm
3	2.50 cm
4	2.52 cm
5	2.55 cm
6	2.53 cm

平均 $\bar{x}$・分散 s^2・標準偏差 s を求める公式にそれぞれ値を代入して計算すると、それぞれ次のようになります。

$$\bar{x} = \frac{2.59 + 2.58 + 2.50 + 2.52 + 2.55 + 2.53}{6}$$

$$= 2.545$$

$$s^2 = \frac{(2.59-2.545)^2 + (2.58-2.545)^2 + (2.50-2.545)^2 + (2.52-2.545)^2 + (2.55-2.545)^2 + (2.53-2.545)^2}{6-1}$$

$$= \frac{0.002025 + 0.001225 + 0.000625 + 0.000025 + 0.00225}{5}$$

$$= 0.001230$$

$$s = \sqrt{s^2} = \sqrt{0.001230}$$

$=0.03507$

以上より、ルビーテトラの体長の平均 2.545、分散 0.001230、標準偏差 0.03507 となることがわかります。

3 アフリカのコンゴ川に生息するタイガーフィッシュの体重

No.	タイガーフィッシュの体重
1	60.5 kg
2	62.8 kg
3	66.5 kg
4	62.6 kg
5	68.6 kg
6	62.4 kg

平均 $\bar{x}$・分散 s^2・標準偏差 s を求める公式にそれぞれ値を代入して計算すると、次のようになります。

$$\bar{x} = \frac{60.5+62.5+66.5+62.6+68.6+62.4}{6} = 63.90$$

$$s^2 = \frac{(60.5-63.9)^2+(62.8-63.9)^2+(66.5-63.9)^2+(62.6-63.9)^2+(68.6-63.9)^2+(62.4-63.9)^2}{6-1}$$

$$= \frac{11.56+1.21+6.76+1.69+22.09+2.25}{5}$$

$$= 9.112$$

$$s = \sqrt{s^2} = \sqrt{9.112} = 3.019$$

以上より、タイガーフィッシュの体重の平均 63.90、分散 9.112、標準偏差 3.019 となることがわかります。

第3章の解答と解説

次のデータの散布図を作成して、どんな相関があるか判定しましょう。

1 ある穀物の気温と収穫量のデータです。この穀物の収穫量と気温の間にはどんな相関があるでしょうか。

No.	気温	穀物の収穫量
1	28 °C	30 t
2	17 °C	22 t
3	5 °C	10 t
4	10 °C	11 t
5	22 °C	25 t
6	14 °C	22 t
7	30 °C	24 t
8	20 °C	15 t

横軸を気温、縦軸を穀物の収穫量として散布図を描くと、次のようになります。右上がりのグラフだということがわかるので、正の相関があると判断することができます。

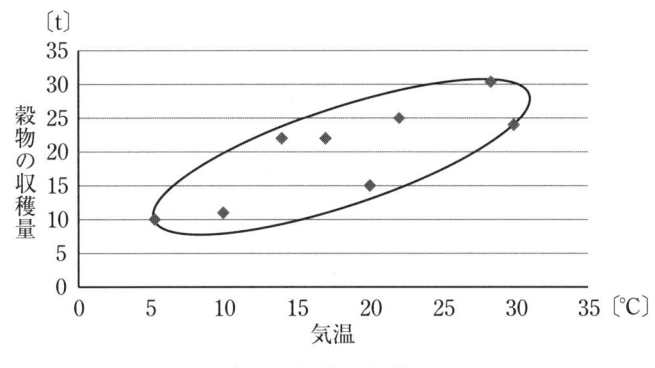

気温と穀物の収穫量

2 ある漁場の海底の水温と漁獲量のデータです。海底の水温と漁獲量の間にはどんな相関があるでしょうか。

年	海底の水温	漁獲量
1998 年	25.4 °C	39.3 t
1999 年	21.5 °C	44.9 t
2000 年	20.3 °C	47.5 t
2001 年	26.6 °C	36.4 t
2002 年	18.6 °C	53.3 t
2003 年	25.9 °C	37.5 t
2004 年	19.8 °C	48.4 t
2005 年	26.2 °C	36.9 t

横軸を海底の水温、縦軸を漁獲量として散布図を描くと、次のようになります。右下がりのグラフだということがわかるので、負の相関があると判断することができます。

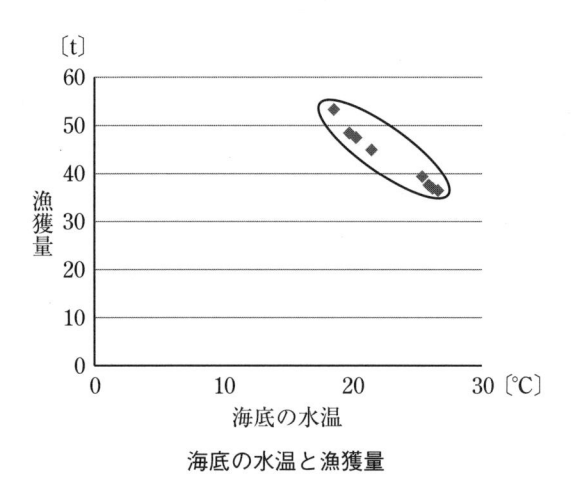

海底の水温と漁獲量

3 色々な場所で観察されたサメとイワシのふ化率のデータです。サメのふ化率とイワシのふ化率の間には相関があるでしょうか。

場所	サメのふ化率	イワシのふ化率
A 海岸	41.5%	94.1%
B 湾	45.5%	79.1%
C 岬	94.2%	19.5%
D 湾	67.2%	92.5%
E 港	38.5%	8.9%
F 海岸	15.4%	93.3%
G 海岸	88.4%	85.6%
H 湾	14.6%	11.5%
I 港	62.4%	6.1%

横軸をサメのふ化率、縦軸をイワシのふ化率として散布図を描くと、次のようになります。右上がりや右下がりの特徴は見られないので、無相関であると判断することができます。

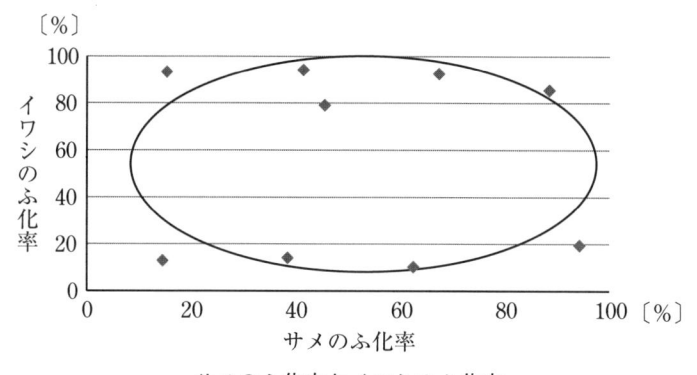

サメのふ化率とイワシのふ化率

第4章の解答と解説

次のデータの相関係数 r を計算しましょう。

1 ある穀物の気温と収穫量のデータです。この穀物の収穫量と気温の相関係数 r を求めましょう。

No.	気温	穀物の収穫量
1	28 °C	30 t
2	17 °C	22 t
3	5 °C	10 t
4	10 °C	11 t
5	22 °C	25 t
6	14 °C	22 t
7	30 °C	24 t
8	20 °C	15 t

気温と穀物の収穫量の相関係数を求めるために、まず始めに気温の平均 $\bar{x}$ と穀物の収穫量の平均 $\bar{y}$ を求めておきます。

$$\bar{x}=\frac{28+17+5+10+22+14+30+20}{8}=18.25$$

$$\bar{y}=\frac{30+22+10+11+25+22+24+15}{8}=19.88$$

次に、相関係数 r の分子を計算します。

$(28-18.25) \times (30-19.88) + (17-18.25) \times (22-19.88)$
$+ (5-18.25) \times (10-19.88) + (10-18.25) \times (11-19.88)$
$+ (22-18.25) \times (25-19.88) + (14-18.25) \times (22-19.88)$
$+ (30-18.25) \times (24-19.88) + (20-18.25) \times (15-19.88)$
$= 350.3$

さらに、相関係数 r の分母を計算します。

$\sqrt{\begin{array}{l}(28-18.25)^2+(17-18.25)^2+(5-18.25)^2+(10-18.25)^2\\+(22-18.25)^2+(14-18.25)^2+(30-18.25)^2+(20-18.25)^2\end{array}}$

$\times \sqrt{\begin{array}{l}(30-19.88)^2+(22-19.88)^2+(10-19.88)^2+(11-19.88)^2\\+(25-19.88)^2+(22-19.88)^2+(24-19.88)^2+(15-19.88)^2\end{array}}$

$=426.9$

最後に、相関係数 r は次のようになります。

相関係数 $r = \dfrac{350.3}{426.9} = 0.8206$

p.45 の図 4.2 を参照してください。強い正の相関があるといえます。

また、横軸を夏場の気温、縦軸を穀物の収穫量として散布図を描くと次のようになります。

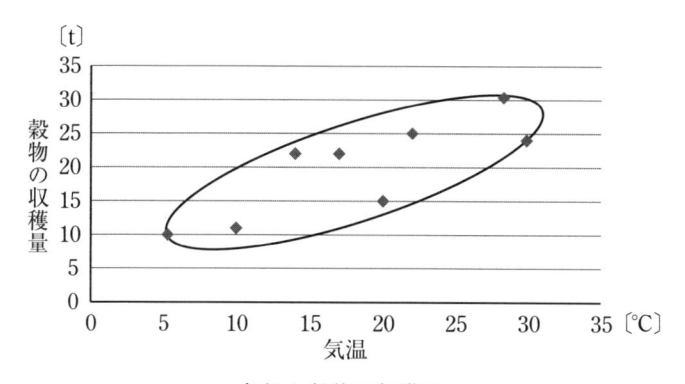

気温と穀物の収穫量

2 ある漁場の海底の水温と漁獲量のデータです。海底の水温と漁獲量の相関係数 r を求めましょう。

年	海底の水温	漁獲
1998 年	25.4 ℃	39.3 t
1999 年	21.5 ℃	44.9 t
2000 年	20.3 ℃	47.5 t
2001 年	26.6 ℃	36.4 t
2002 年	18.6 ℃	53.3 t
2003 年	25.9 ℃	37.5 t
2004 年	19.8 ℃	48.4 t
2005 年	26.2 ℃	36.9 t

相関係数 r を求めるために海底の水温の平均 $\bar{x}$ と漁獲量の平均 $\bar{y}$ を求めておきます。

$$\bar{x} = \frac{25.4+21.5+20.3+26.6+18.6+25.9+19.8+26.2}{8} = 23.04$$

$$\bar{y} = \frac{39.3+44.9+47.5+36.4+53.3+37.5+48.4+36.9}{8} = 43.03$$

次に、相関係数 r の分子を計算します。

$(25.4-23.04) \times (39.3-43.03) + (21.5-23.04) \times (44.9-43.03)$
$\quad + (20.3-23.04) \times (47.5-43.03) + (26.6-23.04) \times (36.4-43.03)$
$\quad + (18.6-23.04) \times (53.3-43.03) + (25.9-23.04) \times (37.5-43.03)$
$\quad + (19.8-23.04) \times (48.4-43.03) + (26.2-23.04) \times (36.9-43.03)$
$= -145.7$

相関係数 r の分母を計算します。

$$\sqrt{\begin{array}{l}(25.4-23.04)^2+(21.5-23.04)^2+(20.3-23.04)^2+(26.6-23.04)^2\\+(18.6-23.04)^2+(25.9-23.04)^2+(19.8-23.04)^2+(26.2-23.04)^2\end{array}}$$
$$\times\sqrt{\begin{array}{l}(39.3-43.03)^2+(44.9-43.03)^2+(47.5-43.03)^2+(36.4-43.03)^2\\+(53.3-43.03)^2+(37.5-43.03)^2+(48.4-43.03)^2+(36.9-43.03)^2\end{array}}$$
$$=147.3$$

最後に、相関係数 r は次のようになります。

$$相関係数\ r=\frac{-145.7}{147.3}=-0.9891$$

したがって、強い負の相関があるといえます。

また、横軸を海底の水温、縦軸を漁獲量として散布図を描くと次のようになります。

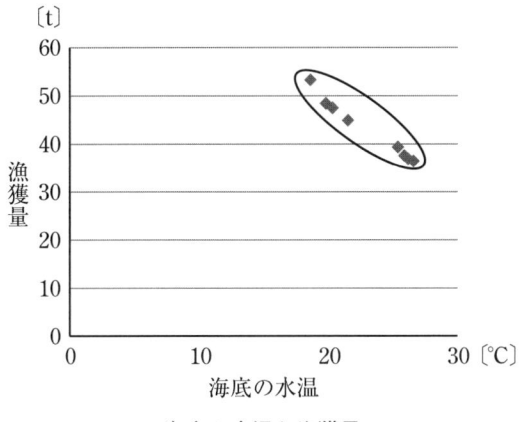

海底の水温と漁獲量

右下がりのグラフだということがわかるので、負の相関があると判断することができます。

第5章の解答と解説

次のデータから回帰直線を求めましょう。

1 ある穀物の気温と収穫量のデータ

No.	気温	穀物の収穫量
1	28 ℃	30 t
2	17 ℃	22 t
3	5 ℃	10 t
4	10 ℃	11 t
5	22 ℃	25 t
6	14 ℃	22 t
7	30 ℃	24 t
8	20 ℃	15 t

回帰直線を求めるためには、回帰直線の切片 a と傾き b がわかればよいので、計算の準備をしておきます。

No.	x	y	x^2	xy
1	28	30	784	840
2	17	22	289	374
3	5	10	25	50
4	10	11	100	110
5	22	25	484	550
6	14	22	196	308
7	30	24	900	720
8	20	15	400	300
合計	146	159	3178	3252

$\sum_{i=1}^{N} x_i \quad \sum_{i=1}^{N} y_i \quad \sum_{i=1}^{N} x_i^2 \quad \sum_{i=1}^{N} x_i y_i$

あとは切片 a と傾き b の公式に代入すればよいですね。公式に代入して計算すると、次のようになります。

切片 $a = \dfrac{3178 \times 159 - 3252 \times 146}{8 \times 3178 - 146^2} = 7.427$

傾き $b = \dfrac{8 \times 3252 - 146 \times 159}{8 \times 3178 - 146^2} = 0.6821$

以上より、回帰直線は

$y = 7.427 + 0.6821x$

となります。

第4章の練習問題1でやった散布図にこの直線を重ねてみると、次のようになります。

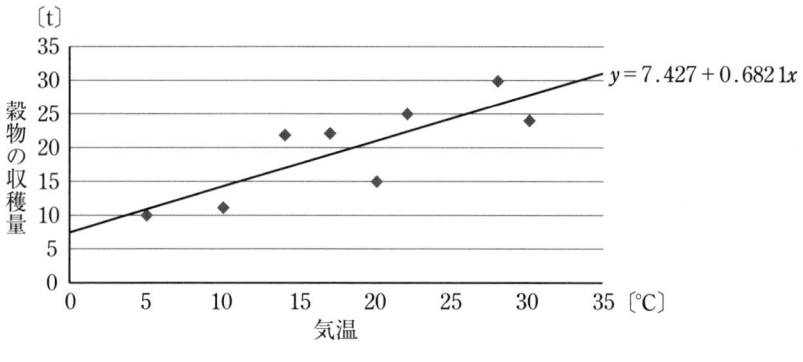

気温と穀物の収穫量

回帰直線と散布図の関係がよくわかりますね。

2 ある漁場の海底の水温と漁獲量のデータ

No.	海底の水温	漁獲量
1	25.4 ℃	39.3 t
2	21.5 ℃	44.9 t
3	20.3 ℃	47.5 t
4	26.6 ℃	36.4 t
5	18.6 ℃	53.3 t
6	25.9 ℃	37.5 t
7	19.8 ℃	48.4 t
8	26.2 ℃	36.9 t

回帰直線を求めるためには、次のような計算の準備をしておきます。

No.	x	y	x^2	xy
1	25.4	39.3	645.16	998.22
2	21.5	44.9	462.25	965.35
3	20.3	47.5	412.09	964.25
4	26.6	36.4	707.56	968.24
5	18.6	53.3	345.96	991.38
6	25.9	37.5	670.81	971.25
7	19.8	48.4	392.04	958.32
8	26.2	36.9	686.44	966.78
合計	184.3	344.2	4322.31	7783.79

あとは切片 a と傾き b の公式に代入です。公式に代入して計算すると、次のようになります。

$$切片\ a = \frac{4322.31 \times 344.2 - 7783.79 \times 184.3}{8 \times 4322.31 - 184.3^2} = 86.91$$

$$\text{傾き } b = \frac{8 \times 7783.79 - 184.3 \times 344.2}{8 \times 4322.31 - 184.3^2} = -1.905$$

以上より、回帰直線は

$$y = 86.91 - 1.905x$$

となります。

第4章の練習問題2でやった散布図にこの直線を重ねてみると次のようになります。

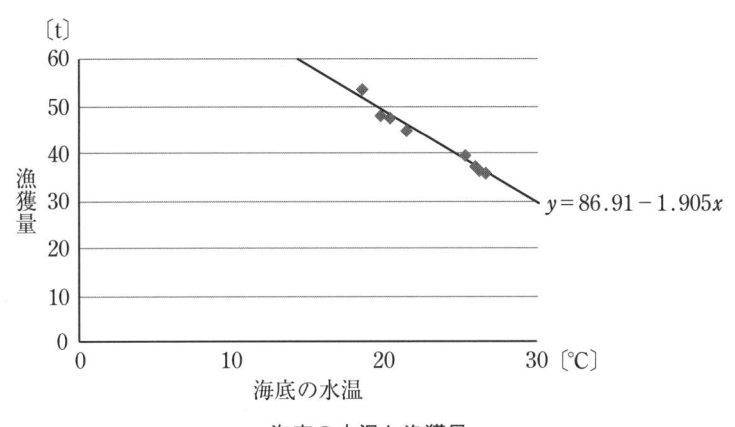

海底の水温と漁獲量

回帰直線と散布図の関係がよくわかりますね。

第6章の解答と解説

次のデータの度数分布表とヒストグラムを作成しましょう。

1 コリドラスの体長のデータ

No.	体 長
1	5.4 cm
2	3.7 cm
3	7.1 cm
4	4.2 cm
5	4.3 cm
6	5.1 cm
7	2.8 cm
8	2.1 cm
9	5.5 cm
10	7.8 cm

No.	体 長
11	7.8 cm
12	6.2 cm
13	4.0 cm
14	4.8 cm
15	6.9 cm
16	4.6 cm
17	9.1 cm
18	6.7 cm
19	4.6 cm
20	3.9 cm

No.	体 長
21	2.3 cm
22	6.4 cm
23	7.5 cm
24	6.8 cm
25	5.4 cm
26	2.8 cm
27	4.8 cm
28	6.2 cm
29	3.5 cm
30	3.4 cm

Step1　データの中から最大値と最小値を探す

　　最大値　9.1 cm　→　10.0 cm

　　最小値　2.1 cm　→　2.0 cm

Step2　最大値と最小値の差を計算

Step 1 で求めた最大値から最小値を引けばよいので、
$$R = 10.0 - 2.0 = 8.0$$
となります。

　　階級の数は $n=5$ としましょう。

Step3　階級を求める

　　$a_0 \sim a_1$　　$a_0 = 2.0$

　　　　　　　$a_1 = 2.0 + \dfrac{8}{5} = 2.0 + 1.6 = 3.6$

$a_1 \sim a_2$ 　　$a_2 = 3.6 + \dfrac{8}{5} = 3.6 + 1.6 = 5.2$

$a_2 \sim a_3$ 　　$a_3 = 5.2 + \dfrac{8}{5} = 5.2 + 1.6 = 6.8$

$a_3 \sim a_4$ 　　$a_4 = 6.8 + \dfrac{8}{5} = 6.8 + 1.6 = 8.4$

$a_4 \sim a_5$ 　　$a_5 = 8.4 + \dfrac{8}{5} = 8.4 + 1.6 = 10.0$

Step4　階級値を求める

$m_1 = \dfrac{a_0 + a_1}{2} = \dfrac{2.0 + 3.6}{2} = 2.8$

$m_2 = \dfrac{a_1 + a_2}{2} = \dfrac{3.6 + 5.2}{2} = 4.4$

$m_3 = \dfrac{a_2 + a_3}{2} = \dfrac{5.2 + 6.8}{2} = 6.0$

$m_4 = \dfrac{a_3 + a_4}{2} = \dfrac{6.8 + 8.4}{2} = 7.6$

$m_5 = \dfrac{a_4 + a_5}{2} = \dfrac{8.4 + 10.0}{2} = 9.2$

Step5　階級ごとに度数を求める

階　数	度　数
2.0〜3.6	6
3.6〜5.2	10
5.2〜6.8	8
6.8〜8.4	5
8.4〜10.0	1

Step6　度数分布表を作る

階級	階級値	度数	相対度数	累積度数	累積相対度数
2.0〜3.6	2.8	6	0.200	6	0.200
3.6〜5.2	4.4	10	0.333	16	0.533
5.2〜6.8	6.0	8	0.267	24	0.800
6.8〜8.4	7.6	5	0.167	29	0.967
8.4〜10.0	9.2	1	0.033	30	1
合計		30	1		

階級値と度数を使ってヒストグラムを作成すると、次のようになります。

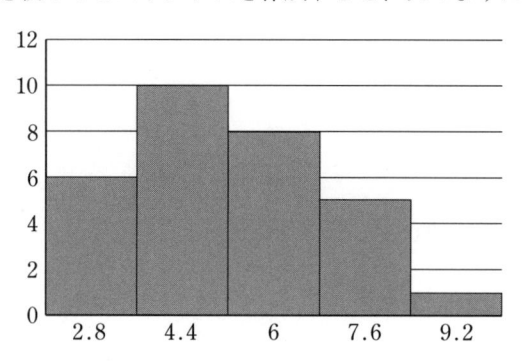

2 アジの体重のデータ

No.	体重	No.	体重	No.	体重
1	204 g	11	279 g	21	211 g
2	239 g	12	185 g	22	203 g
3	184 g	13	242 g	23	210 g
4	199 g	14	238 g	24	227 g
5	184 g	15	196 g	25	260 g
6	206 g	16	191 g	26	208 g
7	209 g	17	226 g	27	246 g
8	249 g	18	235 g	28	243 g
9	236 g	19	238 g	29	203 g
10	214 g	20	218 g	30	226 g

Step1　データの中から最大値と最小値を探す

　　もともと整数値の場合は、1の位を切り上げ切り捨てしましょう。

　　　　最大値　279 cm　→　280 cm

　　　　最小値　184 cm　→　180 cm

となります。

Step2　最大値と最小値の差を計算

　　　　$R = 280 - 180 = 100$

となります。

　　階級の数は $n=5$ としましょう。

Step3　階級を求める

　　　$a_0 \sim a_1$　　　$a_0 = 180$

　　　　　　　　　　$a_1 = 180 + \dfrac{100}{5} = 180 + 20 = 200$

　　　$a_1 \sim a_2$　　　$a_2 = 200 + \dfrac{100}{5} = 200 + 20 = 220$

　　　$a_2 \sim a_3$　　　$a_3 = 220 + \dfrac{100}{5} = 220 + 20 = 240$

　　　$a_3 \sim a_2$　　　$a_4 = 240 + \dfrac{100}{5} = 240 + 20 = 260$

　　　$a_4 \sim a_5$　　　$a_5 = 260 + \dfrac{100}{5} = 260 + 20 = 280$

Step4　階級値を求める

　　　　$m_1 = \dfrac{a_0 + a_1}{2} = \dfrac{180 + 200}{2} = 190$

　　　　$m_2 = \dfrac{a_1 + a_2}{2} = \dfrac{200 + 220}{2} = 210$

　　　　$m_3 = \dfrac{a_2 + a_3}{2} = \dfrac{220 + 240}{2} = 230$

　　　　$m_4 = \dfrac{a_3 + a_4}{2} = \dfrac{240 + 260}{2} = 250$

$$m_5 = \frac{a_4 + a_5}{2} = \frac{260 + 280}{2} = 270$$

Step5 階級ごとに度数を求める

階　級	度　数
180 〜 200	6
200 〜 220	10
220 〜 240	8
240 〜 260	5
260 〜 280	1

Step6 度数分布表を作る

階級	階級値	度数	相対度数	累積度数	累積相対度数
180 〜 200	190	6	0.200	6	0.200
200 〜 220	210	10	0.333	16	0.533
220 〜 240	230	8	0.267	24	0.800
240 〜 260	250	5	0.167	29	0.967
260 〜 280	270	1	0.033	30	1
合計		30	1		

階級値と度数を使ってヒストグラムを作成すると次のようになります。

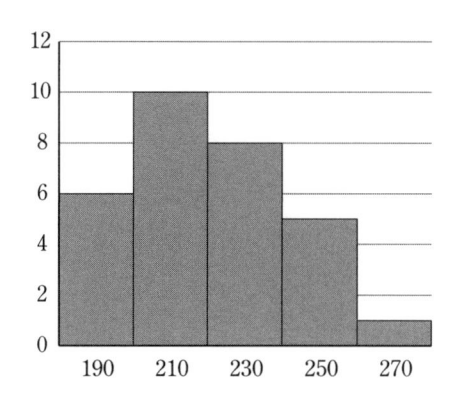

```
 12
 10 ┌──┐
  8 │  ├──┐
  6 ┌──┤  │  │
  4 │  │  │  ├──┐
  2 │  │  │  │  │
  0 │  │  │  │  ├──┐
    190 210 230 250 270
```

第 7 章の解答と解説

離散確率分布を作成しましょう

1 次のデータは、第 6 章の練習問題 2 で使ったアジの体重のデータです。第 6 章で作成した度数分布表を参考にして、このデータの離散確率分布を作成しましょう。

No.	体重
1	204 g
2	239 g
3	184 g
4	199 g
5	184 g
6	206 g
7	209 g
8	249 g
9	236 g
10	214 g

No.	体重
11	279 g
12	185 g
13	242 g
14	238 g
15	196 g
16	191 g
17	226 g
18	235 g
19	238 g
20	218 g

No.	体重
21	211 g
22	203 g
23	210 g
24	227 g
25	260 g
26	208 g
27	246 g
28	243 g
29	203 g
30	226 g

このデータの度数分布表は次の通りでした。

階級	階級値	度数	相対度数	累積度数	累積相対度数
180 〜 200	190	6	0.200	6	0.200
200 〜 220	210	10	0.333	16	0.533
220 〜 240	230	8	0.267	24	0.800
240 〜 260	250	5	0.167	29	0.967
260 〜 280	270	1	0.033	30	1
合計		30	1		

度数分布表における相対度数が確率に対応するところでしたので、上の度数分布表から階級と度数を取り出してみると、

階　級	相対度数
180 〜 200	0.200
200 〜 220	0.333
220 〜 240	0.267
240 〜 260	0.167
260 〜 280	0.033

となります。

　階級を確率変数とみなせば、それに対応する相対度数がその確率となるので、離散確率分布は次のようになります。

確率変数 $X = x$	確率 $P(X = x)$
180 〜 200	0.200
200 〜 220	0.333
220 〜 240	0.267
240 〜 260	0.167
260 〜 280	0.033

ここで、確率の合計を計算してみると、

$$P(\text{全事象}) = P(180〜200) + P(200〜220) + P(220〜240)$$
$$+ P(240〜260) + P(260〜280)$$
$$= 0.200 + 0.333 + 0.267 + 0.167 + 0.033$$
$$= 1$$

となるので、確かに確率の定義も満たされていることがわかります。

第8章の解答と解説

次の値を巻末の数表を使って求めましょう。

1 $P(0 \leqq Z \leqq 1.54)$ の値

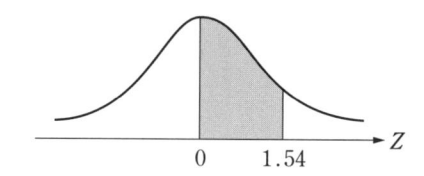

上の図より、数表の縦軸が1.5、横軸が0.04の交差するところが求める確率になります。そこで巻末の標準正規分布の数表を見ると、

z	0.00	0.01	0.02	0.03	0.04
0.0	0.00000	0.00399	0.00798	0.01197	0.01595
0.1	0.03983	0.04380	0.04776	0.05172	0.05567
0.2	0.07926	0.08317	0.08706	0.09095	0.09483
0.3	0.11791	0.12172	0.12552	0.12930	0.13307
0.4	0.15542	0.15910	0.16276	0.16640	0.17003
⋮	⋮	⋮	⋮	⋮	⋮
1.5	0.433193	0.434478	0.435745	0.436992	0.438220
⋮	⋮	⋮	⋮	⋮	⋮

コレ!!

よって、$P(0 \leqq Z \leqq 1.54) = 0.438220$ となることがわかります。

2 $P(Z \geqq z_0) = 0.0985$ を満たす z_0 の値

$P(Z \geqq z_0) = 0.0985$ を満たす z_0 の値を図にすると次のようになります。

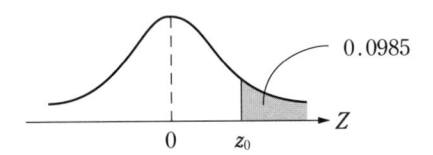

正規分布の半分の面積は $P(0 \leqq Z < +\infty) = 0.5$ でしたので、次の式を考えます。

$$P(0 \leqq Z < +\infty) = P(0 \leqq Z \leqq z_0) + P(Z \geqq z_0)$$

式変形して、$P(0 \leqq Z < +\infty) = 0.5$ と $P(Z \geqq z_0) = 0.0985$ を代入すると次のようになります。

$$P(0 \leqq Z \leqq z_0) = P(0 \leqq Z < +\infty) - P(Z \geqq z_0)$$
$$= 0.5 - 0.0985$$
$$= 0.4015$$

そこで、巻末の標準正規分布の数表を見ると

z	0.00	⋯	0.08	0.09
0.0	0.00000	⋯	0.03188	0.03586
0.1	0.03983	⋯	0.07142	0.07535
0.2	0.07926	⋯	0.11026	0.11409
⋮	⋮	⋯	⋮	⋮
1.0	0.34134		0.35993	0.36214
1.1	0.36433		0.38100	0.38298
1.2	0.38493	⋯	0.39973	(0.40147) ←コレ!!
1.3	0.403200		0.416207	0.417736
⋮	⋮	⋯	⋮	⋮

ぴったりの値がないときは、一番近い値を探します。

したがって、$z_0 = 1.2 + 0.09 = 1.29$ であることがわかります。

3 $P(Z \geq z_0) = 0.015$ を満たす z_0 の値

$P(Z \geq z_0) = 0.015$ を満たす z_0 の値を図にすると次のようになります。

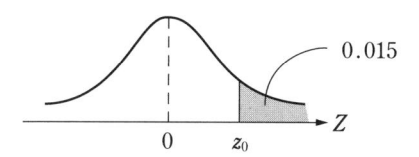

正規分布の半分の面積は $P(0 \leq Z < +\infty) = 0.5$ でしたので、次の式を考えます。

$$P(0 \leq Z < +\infty) = P(0 \leq Z \leq z_0) + P(Z \geq z_0)$$

式変形して、$P(0 \leq Z < +\infty) = 0.5$ と $P(Z \geq z_0) = 0.015$ を代入すると次のようになります。

$$P(0 \leq Z \leq z_0) = P(0 \leq Z < +\infty) - P(Z \geq z_0)$$
$$= 0.5 - 0.015$$
$$= 0.485$$

そこで、巻末の標準正規分布の数表を見ると

z	0.00	⋯	0.06	0.07
2.0	0.477250	⋯	0.480301	0.480774
2.1	0.482136	⋯	0.484614	0.484997
2.2	0.486097	⋯	0.488089	0.488396
2.3	0.489276	⋯	0.490863	0.491106
⋮	⋮		⋮	⋮
3.0	0.4986501	⋯	0.4988933	0.4989297
3.1	0.4990324	⋯	0.4992112	0.4992378
3.2	0.4993129	⋯	0.4994429	0.4994623
⋮	⋮		⋮	⋮

（0.484997 に コレ!! の注記）

ぴったりの値がないときは、一番近い値を探します。

したがって、$z_0 = 2.1 + 0.07 = 2.17$ であることがわかります。

4 $t(3\,;\,0.01)$ の値

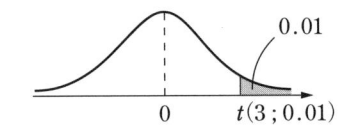

t 分布の場合は、巻末の t 分布の数表から読み取るだけですね。

n \ α	0.25	0.1	0.05	0.025	0.01	0.005
1	1.000	3.078	6.314	12.706	31.821	
2	0.816	1.886	2.920	4.303	6.965	
3	0.765	1.638	2.353	3.182	4.541	5.841
4	0.741	1.533	2.132	2.776	3.747	4.604
5	0.727	1.476	2.015	2.571	3.365	4.032
6	0.718	1.440	1.943	2.447	3.143	3.707
7	0.711	1.415	1.895	2.365	2.998	3.500
8	0.706	1.397	1.860	2.306	2.897	3.355
9	0.703	1.383	1.833	2.262	2.821	3.250
10	0.700	1.372	1.813	2.228	2.764	3.169
11	0.697	1.363	1.796	2.201	2.718	3.106
12	0.695	1.356	1.782	2.179	2.681	3.055
13	0.694	1.350	1.771	2.160	2.650	3.012
14	0.692	1.345	1.761	2.145	2.624	2.977
15	0.691	1.341	1.753	2.131	2.602	2.947

コレ!!

よって、$t(3\,;\,0.01)=4.541$ となることがわかります。

5 $t(12\,;\,0.05)$ の値

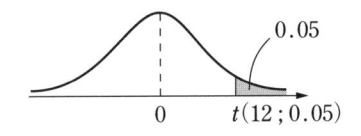

問4と同じく t 分布の場合は、巻末の t 分布の数表から読み取るだけですね。

n \ α	0.25	0.1	0.05	0.025	0.01	0.005
1	1.000	3.078	6.314	12.706	31.821	63.657
2	0.816	1.886	2.920	4.303	6.965	9.925
3	0.765	1.638	2.353	3.182	4.541	5.841
4	0.741	1.533	2.132	2.776	3.747	4.604
5	0.727	1.476	2.015	2.571	3.365	4.032
6	0.718	1.440	1.943	2.447	3.143	3.707
7	0.711	1.415	1.895	2.365	2.998	3.500
8	0.706	1.397	1.860	2.306	2.897	3.355
9	0.703	1.383	1.833	2.262	2.821	3.250
10	0.700	1.372	1.813	2.228	2.764	3.169
11	0.697	1.363	1.796	2.201	2.718	3.106
12	0.695	1.356	1.782	2.179	2.681	3.055
13	0.694	1.350	1.771	2.160	2.650	3.012
14	0.692	1.345	1.761	2.145	2.624	2.977
15	0.691	1.341	1.753	2.131	2.602	2.947

コレ!!

よって、$t(12 ; 0.05) = 1.782$ となることがわかります。

第9章の解答と解説

統計的検定を行いましょう。

1 アマゾン川に生息しているピライーバというナマズの一種について、その平均体長を調べるために6匹の標本を獲ってきました。その体長を調べたところ次のようなデータが得られました。

ピライーバの体長の母分散は $\sigma^2 = 121$ といわれています。信頼係数95％で母平均の区間推定を行いましょう。

No.	ピライーバの体長
1	206 cm
2	238 cm
3	232 cm
4	200 cm
5	196 cm
6	236 cm

母分散は $\sigma^2=121$ とわかっているので、以下の公式が使えますね。

$$\bar{x}-z\left(\frac{\alpha}{2}\right)\sqrt{\frac{\sigma^2}{N}} \leq \mu \leq \bar{x}+z\left(\frac{\alpha}{2}\right)\sqrt{\frac{\sigma^2}{N}}$$

したがって、まずは信頼係数 95% から $z\left(\frac{\alpha}{2}\right)$ の値を求めます。

$$100(1-\alpha)=95 \quad より \quad \alpha=0.05$$

したがって、

$$\frac{\alpha}{2}=0.025$$

となります。

以上のことから、$z\left(\frac{\alpha}{2}\right)=z(0.025)$ となることがわかりました。$z(0.025)$ の値は、8-3 節で学んだ標準正規分布の求め方より $z_0=z(0.025)$ とおくと、

$$P(Z \geq z_0)=0.025$$

を満たします。よって、

$$P(0 \leq Z \leq +\infty)=P(0 \leq Z \leq z_0)+P(Z \geq z_0)$$
$$0.5=P(0 \leq Z \leq z_0)+0.025$$
$$P(0 \leq Z \leq z_0)=0.5-0.025$$
$$=0.475$$

巻末の標準正規分布の数表より、

$$z_0=z(0.025)=1.96$$

とわかります。

次に標本平均 $\bar{x}$ を計算すると、$N=6$ より

$$\bar{x}=\frac{206+238+232+200+196+236}{6}$$

$$=\frac{1308}{6}$$

$$=218$$

となります。

母分散は $\sigma^2=121$ なので、

これらの値を母平均の区間推定の公式に代入すると、

$$218-1.96\times\sqrt{\frac{121}{6}}\leq\mu\leq 218+1.96\times\sqrt{\frac{121}{6}}$$

となるので、これを計算すると

$$209.2\leq\mu\leq 226.8$$

となります。

この不等式がピライーバの平均体長の 95% 信頼区間となります。

よって、209.2 cm から 226.8 cm の間にピライーバの平均体長があることがわかります。

2 問1のデータを用いて、母分散 σ^2 がわかっていない場合の母平均の区間推定を信頼係数 90% で求めましょう。

母分散 σ^2 がわかっていない場合の公式は、以下の通りでした。

$$\bar{x}-t\left(N-1\,;\,\frac{\alpha}{2}\right)\sqrt{\frac{s^2}{N}}\leq\mu\leq\bar{x}+t\left(N-1\,;\,\frac{\alpha}{2}\right)\sqrt{\frac{s^2}{N}}$$

データの数は $N=6$ より、自由度 $6-1=5$ の t 分布を利用します。

信頼係数は 90% であるので、

$$100(1-\alpha)=90 \quad \text{より} \quad \alpha=0.10$$

したがって、

$$\frac{\alpha}{2}=0.05$$

となります。

したがって、巻末の t 分布の数表から

$$t\left(N-1\,;\,\frac{\alpha}{2}\right)=t(5\,;\,0.05)=2.015$$

となります。

次に標本平均 $\bar{x}$ と標本分散 s^2 を求めます。標本平均 $\bar{x}$ は先ほど求めた値が使えるので、$\bar{x}=218$ です。標本分散 s^2 は計算が大変なので、次のような表を準備しておきましょう。

No.	x_i	x_i^2
1	206	42436
2	238	56644
3	232	53824
4	200	40000
5	196	38416
6	236	55696
合計	1308	287016

よって、標本分散 s^2 は次のようになります。

$$s^2=\frac{N\left(\sum_{i=1}^{N}x_i^2\right)-\left(\sum_{i=1}^{N}x_i\right)^2}{N(N-1)}=\frac{6\times(287016)-(1308)^2}{6\times(6-1)}=374.4$$

以上から、母分散 σ^2 がわかっていない場合の母平均の区間推定の公式に値を代入すると、

$$218-2.015\times\sqrt{\frac{374.4}{6}}\leq\mu\leq218+2.015\times\sqrt{\frac{374.4}{6}}$$

となるので、これを計算すると

$$202.1\leq\mu\leq233.9$$

となります。

よって、この場合は 202.1 cm から 233.9 cm の間にピライーバの平均体長があることがわかります。

3 アマゾン川の支流の1つのプルス川に生息している魚類のうちピライーバの生息比率について調べるために、網を仕掛けて魚類を116匹捕まえたところ、この中にピライーバは9匹含まれていました。

プルス川のピライーバの生息比率を信頼係数95%で母比率の区間推定を用いて求めましょう。

母比率 p の $100(1-\alpha)\%$ 信頼区間は次の式でしたね。

$$\frac{m}{N} - z\left(\frac{\alpha}{2}\right)\sqrt{\frac{\frac{m}{N}\left(1-\frac{m}{N}\right)}{N}} \leq p \leq \frac{m}{N} + z\left(\frac{\alpha}{2}\right)\sqrt{\frac{\frac{m}{N}\left(1-\frac{m}{N}\right)}{N}}$$

まずは信頼係数95%から $z\left(\frac{\alpha}{2}\right)$ の値を求めます。

$100(1-\alpha) = 95$ より $\alpha = 0.05$

したがって、

$$\frac{\alpha}{2} = 0.025$$

となります。

以上のことから $z\left(\frac{\alpha}{2}\right) = z(0.025)$ となることがわかりました。

$z(0.025)$ の値は、8-3節で学んだ標準正規分布の求め方より $z_0 = z(0.025)$ とおくと、$P(Z \geq z_0) = 0.025$ を満たします。よって、

$$P(0 \leq Z \leq +\infty) = P(0 \leq Z \leq z_0) + P(Z \geq z_0)$$
$$0.5 = P(0 \leq Z \leq z_0) + 0.025$$
$$P(0 \leq Z \leq z_0) = 0.5 - 0.025$$
$$= 0.475$$

巻末の標準正規分布の数表より、

$$z_0 = z(0.025) = 1.96$$

とわかります。

次に標本比率 $\frac{m}{N}$ を計算しましょう。

標本比率 $\frac{m}{N} = \frac{9}{116} = 0.07759$

となります。

これらの値を母比率の区間推定の公式に代入すると、

$$0.07759 - 1.96 \times \sqrt{\frac{0.07759(1-0.07759)}{116}} \leq p \leq 0.07759$$
$$+ 1.96 \times \sqrt{\frac{0.07759(1-0.07759)}{116}}$$

となります。

これを計算すると、

$$0.02891 \leq p \leq 0.1263$$

となりますので、この不等式が求めるプルス川のピライーバの生息比率の95%信頼区間となります。

第10章の解答と解説

次の統計的検定を行いましょう。

1 アマゾン川の支流のマディラ川に生息しているコリドラスの体長について調べたところ次のようなデータが得られました。

No.	マディラ川
1	4.99 cm
2	4.77 cm
3	4.92 cm
4	4.87 cm
5	5.28 cm
6	5.03 cm
7	5.15 cm
8	5.15 cm

マディラ川に生息しているコリドラスの体長の母平均は5.00 cmといわれています。母集団の母分散がわからない場合の母平均の検定を、有意水準5%で行いましょう。

Step1 **母集団に対して、仮説 H_0 と対立仮説 H_1 を立てる**

母集団はマディラ川に生息しているコリドラスの体長です。この問題では、母平均 μ と一致しているかどうか調べる値は $\mu_0=5.00$ となります。

よって、仮説 H_0 と対立仮説 H_1 は次のようになります。

H_0：平均体長は 5.00 cm と一致している（$\mu=5.00$）
H_1：平均体長は 5.00 cm と一致していない（$\mu\neq5.00$）

Step2 **検定統計量 $T(\bar{x}, s^2, N)$ を計算**

$T(\bar{x}, s^2, N)$ を計算するためには標本平均 $\bar{x}$ と標本分散 s^2 が必要になります。標本分散 s^2 の計算は大変なので、次のような表を作りましょう。

No.	x	x^2
1	4.99	24.9001
2	4.77	22.7529
3	4.92	24.2064
4	4.87	23.7169
5	5.28	27.8784
6	5.03	25.3009
7	5.15	26.5225
8	5.15	26.5225
合計	40.16	201.8006

これより

標本平均 $\bar{x}=\dfrac{40.16}{8}=5.020$

標本分散 $s^2=\dfrac{8\times201.8006-(40.16)^2}{8\times(8-1)}=0.02820$

となります。

$N=8$ より検定統計量 $T(\bar{x}, s^2, N)$ は

$$T(\bar{x}, s^2, N) = \frac{\bar{x} - \mu_0}{\sqrt{\dfrac{s^2}{N}}} = \frac{5.020 - 5.00}{\sqrt{\dfrac{0.02820}{8}}} = 0.3369$$

となります。

Step3　Step2 で求めた検定統計量が棄却域を満たすか否かを調べる

　この検定統計量 $T(\bar{x}, s^2, N)$ は自由度 $8-1=7$ の t 分布に従います。有意水準 $\alpha=0.05$ であるので、棄却域は次のようになります。

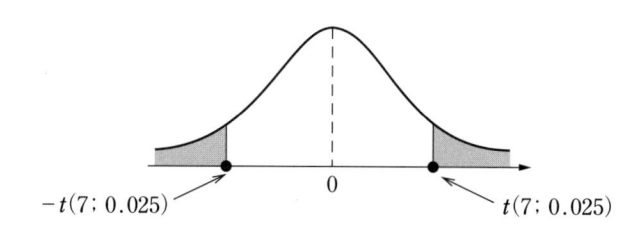

巻末の t 分布の数表より $t(7;0.025)=2.365$ です。検定統計量 $T(\bar{x}, s^2, N)$ は $T(\bar{x}, s^2, N)=0.3369 \leq t(7;0.025)=2.365$ を満たしますので棄却域には入りません。

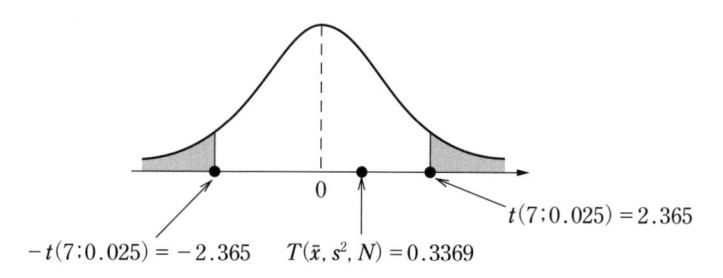

　したがって、仮説 H_0 は棄却されないとがわかります。

　これより、対立仮説 H_1 は採用されませんので、マディラ川のコリドラスの平均体長は $5.00\,\mathrm{cm}$ に一致していないとは判断できません。

　このように、仮説 H_0 は棄却されないときは一致しているとも一致していないとも判断できないことに注意しましょう。

2 アマゾン川の支流のマディラ川に生息している魚類のうちピラルクの割合は 1.5% といわれています。マディラ川での魚類の調査の結果、次のようなデータが得られました。

マディラ川

ピラルク	その他の魚類
8匹	314匹

マディラ川に生息しているピラルクの割合は 1.5% といえるでしょうか。有意水準 5% で母比率の検定を行いましょう。

Step1　母集団に対して、仮説 H_0 と対立仮説 H_1 を立てる

母集団はマディラ川に生息している魚類です。この例では、母比率 p と一致しているかどうか調べる値は $p_0=0.015$ となります。

よって、仮説 H_0 と対立仮説 H_1 は次のようになります。

H_0：生息比率は 0.015 と一致している（$p=0.015$）
H_1：生息比率は 0.015 と一致していない（$p\neq 0.015$）

Step2　検定統計量を計算

ピラルク	その他の魚類	合計
8匹	314匹	322匹

これより

$$\text{標本比率}\ \frac{m}{N}=\frac{8}{322}=0.02484$$

となります。

これより検定統計量 $T(m, N)$ は

$$T(m, N)=\frac{\frac{m}{N}-p_0}{\sqrt{\frac{p_0(1-p_0)}{N}}}=\frac{0.02484-0.015}{\sqrt{\frac{0.015\times(1-0.015)}{322}}}=1.453$$

となります。

Step3 Step2 で求めた検定統計量が棄却域を満たすか否かを調べる

この検定統計量 $T(m, N)$ は標準正規分布に従います。

有意水準 $\alpha=0.05$ であるので、棄却域は次のようになります。

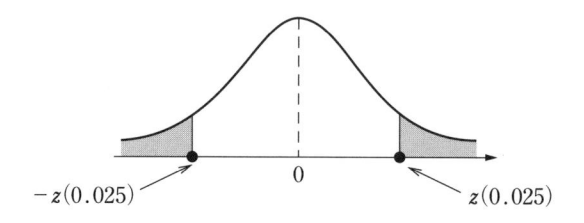

巻末の標準正規分布の数表より $z(0.025)=1.96$ です。検定統計量 $T(m, N)$ は、$T(m, N)=1.453 \leq z(0.025)=1.96$ を満たすので棄却域に入りません。

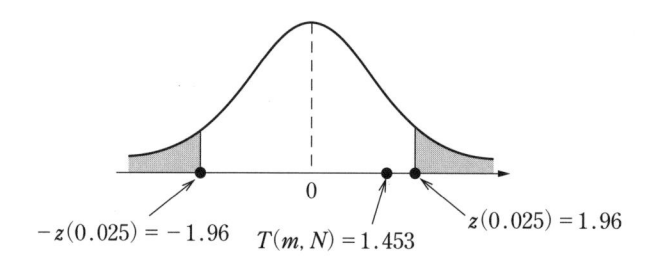

したがって、仮説 H_0 は棄却されないことがわかります。

つまり、マディラ川のピラルクの生息比率は 0.015 と一致していないと判断することはできません。

第 11 章の解答と解説

次の統計的検定を行いましょう。

1 アマゾン川の支流のマラニョン川とネグロ川に生息しているピラルクの分布について調べたところ次のようなデータが得られました。

マラニョン川	
ピラルク	その他の魚
7匹	314匹

ネグロ川	
ピラルク	その他の魚
15匹	273匹

マラニョン川とネグロ川に生息しているピラルクの生息比率に違いはあるでしょうか。有意水準5%で2つの母比率の差の検定を行いましょう。

Step1 2つの母集団に対して、仮説 H_0 と対立仮説 H_1 を立てる

2つの母集団はマラニョン川に生息している魚類とネグロ川に生息している魚類です。それぞれの母比率はマラニョン川のピラルクの母比率 p_1 とネグロ川のピラルクの母比率 p_2 です。

よって、仮説 H_0 と対立仮説 H_1 は次のようになります。

H_0：2つの母比率は一致している　（$p_1 = p_2$）

H_1：2つの母比率は一致していない　（$p_1 \neq p_2$）

となります。

Step2 検定統計量 $T(m_1, m_2, N_1, N_2)$ を計算

$T(m_1, m_2, N_1, N_2)$ を計算するためには標本比率が必要になります。

マラニョン川の比率
$m_1 = 7, N_1 = 321$
標本比率 $\dfrac{m_1}{N_1} = \dfrac{7}{321} = 0.02181$

ネグロ川の比率
$m_2 = 15, N_2 = 288$
標本比率 $\dfrac{m_2}{N_2} = \dfrac{15}{288} = 0.05208$

共通の比率 $p^* = \dfrac{m_1 + m_2}{N_1 + N_2} = \dfrac{7 + 15}{321 + 288} = 0.03612$

これらの値を2つの母比率の差の検定の公式に代入すると、検定統計量は

$$T(m_1, m_2, N_1, N_2) = \dfrac{0.02181 - 0.05208}{\sqrt{0.03612(1 - 0.03612)\left(\dfrac{1}{321} + \dfrac{1}{288}\right)}} = -1.999$$

となります。

> **Step3** Step2 で求めた検定統計量が棄却域を満たすか否かを調べる

この検定統計量 $T(m_1, m_2, N_1, N_2)$ は標準正規分布に従います。
有意水準 $\alpha=0.05$ であるので、棄却域は次のようになります。

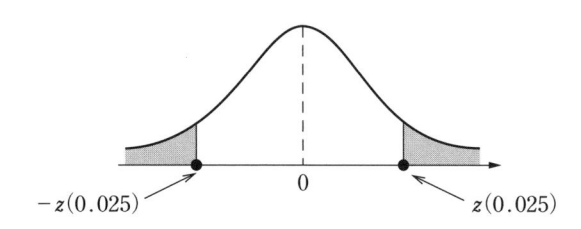

巻末の標準正規分布の数表より $z(0.025)=1.96$ であるので、検定統計量 $T(m_1, m_2, N_1, N_2)$ は

$$T(m_1, m_2, N_1, N_2) = -1.999 \leq -z(0.025) = -1.96$$

を満たすので検定統計量は棄却域に入ることがわかります。

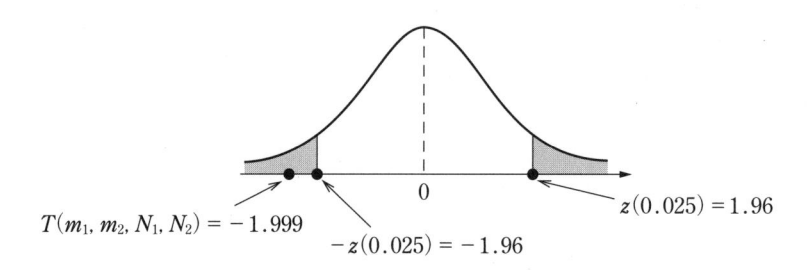

したがって、仮説 H_0 が棄却されますので対立仮説 H_1 が採用されます。

よって、マディラ川とネグロ川のピラルクの生息比率は一致していないと判断することができます。

2 アマゾン川の支流のマラニョン川とネグロ川に生息しているコリドラスの体長について調べたところ次のようなデータが得られました。

No.	マラニョン川
1	4.99 cm
2	4.77 cm
3	4.68 cm
4	4.92 cm
5	4.87 cm
6	4.28 cm
7	4.53 cm
8	4.51 cm

No.	ネグロ川
1	4.86 cm
2	5.04 cm
3	4.66 cm
4	5.31 cm
5	5.28 cm
6	4.99 cm
7	5.37 cm
8	4.96 cm

マラニョン川とネグロ川のコリドラスの平均体長に違いはあるでしょうか。2つの母集団の母分散は等しいと仮定して、2つの母平均の差の検定を有意水準 5% で行いましょう。

Step1　2つの母集団に対して、仮説 H_0 と対立仮説 H_1 を立てる

2つの母集団はマラニョン川のコリドラスとネグロ川のコリドラスです。それぞれの母平均はマラニョン川のコリドラスの平均体長 μ_1 とネグロ川のコリドラスの平均体長 μ_2 です。

よって、仮説 H_0 と対立仮説 H_1 は次のようになります。

H_0：2つの平均体長は一致している　（$\mu_1 = \mu_2$）

H_1：2つの平均体長は一致していない　（$\mu_1 \neq \mu_2$）

となります。

Step2　検定統計量 $T(\bar{x}_1, \bar{x}_2, s^2, N_1, N_2)$ を計算

$T(\bar{x}_1, \bar{x}_2, s^2, N_1, N_2)$ を計算するためには標本平均と標本分散が必要になります。10.2 節で分散の計算をしたように次の表を作りましょう。

No.	x_1	x_1^2
1	4.99	24.9001
2	4.77	22.7529
3	4.68	21.9024
4	4.92	24.2064
5	4.87	23.7169
6	4.28	18.3184
7	4.53	20.5209
8	4.51	20.3401
合計	37.55	176.6581

No.	x_1	x_2^2
1	4.86	23.6196
2	5.04	25.4016
3	4.66	21.7156
4	5.31	28.1961
5	5.28	27.8784
6	4.99	24.9001
7	5.37	28.8369
8	4.96	24.6016
合計	40.47	205.1499

これよりマラニョン川とネグロ川の標本平均と標本分散は次のようになります。

マラニョン川の平均と分散

標本平均 $\bar{x}_1 = \dfrac{37.55}{8} = 4.694$

標本分散
$$s_1^2 = \frac{8 \times 176.6581 - (37.55)^2}{8 \times (8-1)} = 0.05826$$

ネグロ川の平均と分散

標本平均 $\bar{x}_2 = \dfrac{40.47}{8} = 5.059$

標本分散
$$s_2^2 = \frac{8 \times 205.1499 - (40.47)^2}{8 \times (8-1)} = 0.06033$$

さらに共通の分散
$$s^2 = \frac{(8-1) \times 0.05826 + (8-1) \times 0.06033}{8+8-2} = 0.05930$$

となります。

$N_1 = 8$、$N_2 = 8$ より検定統計量 $T(\bar{x}_1, \bar{x}_2, s^2, N_1, N_2)$ は

$$T(\bar{x}_1, \bar{x}_2, s^2, N_1, N_2) = \frac{4.694 - 5.059}{\sqrt{\left(\dfrac{1}{8} + \dfrac{1}{8}\right) \times 0.05930}} = -2.998$$

となります。

Step3 **Step2 で求めた検定統計量が棄却域を満たすか否かを調べる**

この検定統計量 $T(\bar{x}_1, \bar{x}_2, s^2, N_1, N_2)$ は自由度 $8+8-2=14$ の t 分布に従います。有意水準 $\alpha=0.05$ であるので、棄却域は次のようになります。

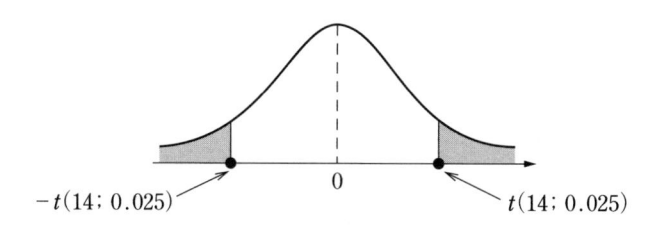

巻末の t 分布の数表より $t(14;0.025)=2.145$ であるので、検定統計量 $T(\bar{x}_1, \bar{x}_2, s^2, N_1, N_2)$ は

$$T(\bar{x}_1, \bar{x}_2, s^2, N_1, N_2) = -2.998 \leq t(14;0.025) = -2.145$$

を満たします。

よって、検定統計量は棄却域に入りますね。

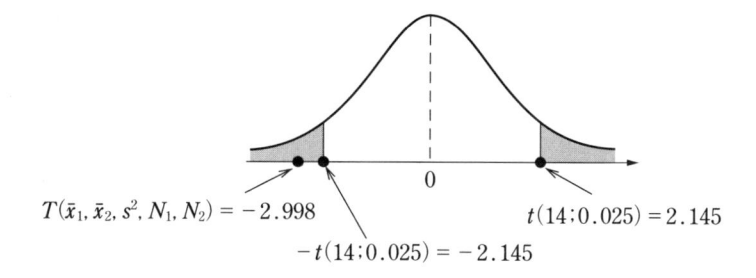

したがって、仮説 H_0 は棄却されるので、対立仮説 H_1 が採用されます。

よって、マラニョン川とネグロ川のコリドラスの平均体長は一致していないと判断することができます。

付録　数表

標準正規分布

z	0.00	0.01	0.02	0.03	0.04
0.0	0.00000	0.00399	0.00798	0.01197	0.01595
0.1	0.03983	0.04380	0.04776	0.05172	0.05567
0.2	0.07926	0.08317	0.08706	0.09095	0.09483
0.3	0.11791	0.12172	0.12552	0.12930	0.13307
0.4	0.15542	0.15910	0.16276	0.16640	0.17003
0.5	0.19146	0.19497	0.19847	0.20194	0.20540
0.6	0.22575	0.22907	0.23237	0.23565	0.23891
0.7	0.25804	0.26115	0.26424	0.26730	0.27035
0.8	0.28814	0.29103	0.29389	0.29673	0.29955
0.9	0.31594	0.31859	0.32121	0.32381	0.32639
1.0	0.34134	0.34375	0.34614	0.34849	0.35083
1.1	0.36433	0.36650	0.36864	0.37076	0.37286
1.2	0.38493	0.38686	0.38877	0.39065	0.39251
1.3	0.403200	0.404902	0.406582	0.408241	0.409877
1.4	0.419243	0.420730	0.422196	0.423641	0.425066
1.5	0.433193	0.434478	0.435745	0.436992	0.438220
1.6	0.445201	0.446301	0.447384	0.448449	0.449497
1.7	0.455435	0.456367	0.457284	0.458185	0.459070
1.8	0.464070	0.464852	0.465620	0.466375	0.467116
1.9	0.471283	0.471933	0.472571	0.473197	0.473810

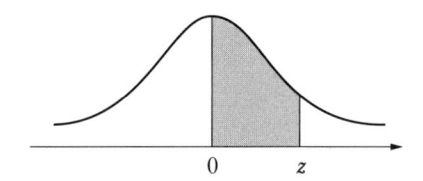

0.05	0.06	0.07	0.08	0.09
0.01994	0.02392	0.02790	0.03188	0.03586
0.05962	0.06356	0.06749	0.07142	0.07535
0.09871	0.10257	0.10642	0.11026	0.11409
0.13683	0.14058	0.14431	0.14803	0.15173
0.17364	0.17724	0.18082	0.18439	0.18793
0.20884	0.21226	0.21566	0.21904	0.22240
0.24215	0.24537	0.24857	0.25175	0.25490
0.27337	0.27637	0.27935	0.28230	0.28524
0.30234	0.30511	0.30785	0.31057	0.31327
0.32894	0.33147	0.33398	0.33646	0.33891
0.35314	0.35543	0.35769	0.35993	0.36214
0.37493	0.37698	0.37900	0.38100	0.38298
0.39435	0.39617	0.39796	0.39973	0.40147
0.411492	0.413085	0.414657	0.416207	0.417736
0.426471	0.427855	0.429219	0.430563	0.431888
0.439429	0.440620	0.441792	0.442947	0.444083
0.450529	0.451543	0.452540	0.453521	0.454486
0.459941	0.460796	0.461636	0.462462	0.463273
0.467843	0.468557	0.469258	0.469946	0.470621
0.474412	0.475002	0.475581	0.476148	0.476705

標準正規分布

z	0.00	0.01	0.02	0.03	0.04
2.0	0.477250	0.477784	0.478308	0.478822	0.479325
2.1	0.482136	0.482571	0.482997	0.483414	0.483823
2.2	0.486097	0.486447	0.486791	0.487126	0.487455
2.3	0.489276	0.489556	0.489830	0.490097	0.490358
2.4	0.4918025	0.4920237	0.4922397	0.4924506	0.4926564
2.5	0.4937903	0.4939634	0.4941323	0.4942969	0.4944574
2.6	0.4953388	0.4954729	0.4956035	0.4957308	0.4958547
2.7	0.4965330	0.4966358	0.4967359	0.4968333	0.4969280
2.8	0.4974449	0.4975229	0.4975988	0.4976726	0.4977443
2.9	0.4981342	0.4981929	0.4982498	0.4983052	0.4983589
3.0	0.4986501	0.4986938	0.4987361	0.4987772	0.4988171
3.1	0.4990324	0.4990646	0.4990957	0.4991260	0.4991553
3.2	0.4993129	0.4993363	0.4993590	0.4993810	0.4994024
3.3	0.4995166	0.4995335	0.4995499	0.4995658	0.4995811
3.4	0.4996631	0.4996752	0.4996869	0.4996982	0.4997091
3.5	0.4997674	0.4997759	0.4997842	0.4997922	0.4997999
3.6	0.4998409	0.4998469	0.4998527	0.4998583	0.4998637
3.7	0.4998922	0.4998964	0.4999004	0.4999043	0.4999080
3.8	0.4999277	0.4999305	0.4999333	0.4999359	0.4999385
3.9	0.4999519	0.4999539	0.4999557	0.4999575	0.4999593
4.0	0.4999683	0.4999696	0.4999709	0.4999721	0.4999733

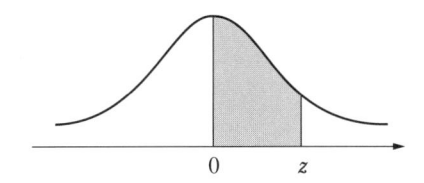

0.05	0.06	0.07	0.08	0.09
0.479818	0.480301	0.480774	0.481237	0.481691
0.484222	0.484614	0.484997	0.485371	0.485738
0.487776	0.488089	0.488396	0.488696	0.488989
0.490613	0.490863	0.491106	0.491344	0.491576
0.4928572	0.4930531	0.4932443	0.4934309	0.4936128
0.4946139	0.4947664	0.4949151	0.4950600	0.4952012
0.4959754	0.4960930	0.4962074	0.4963189	0.4964274
0.4970202	0.4971099	0.4971972	0.4972821	0.4973646
0.4978140	0.4978818	0.4979476	0.4980116	0.4980738
0.4984111	0.4984618	0.4985110	0.4985588	0.4986051
0.4988558	0.4988933	0.4989297	0.4989650	0.4989992
0.4991836	0.4992112	0.4992378	0.4992636	0.4992886
0.4994230	0.4994429	0.4994623	0.4994810	0.4994991
0.4995959	0.4996103	0.4996242	0.4996376	0.4996505
0.4997197	0.4997299	0.4997398	0.4997493	0.4997585
0.4998074	0.4998146	0.4998215	0.4998282	0.4998347
0.4998689	0.4998739	0.4998787	0.4998834	0.4998879
0.4999116	0.4999150	0.4999184	0.4999216	0.4999247
0.4999409	0.4999433	0.4999456	0.4999478	0.4999499
0.4999609	0.4999625	0.4999641	0.4999655	0.4999670
0.4999744	0.4999755	0.4999765	0.4999775	0.4999784

t 分布

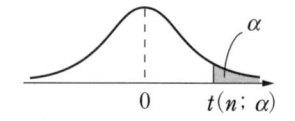

n \ α	0.25	0.1	0.05	0.025	0.01	0.005
1	1.000	3.078	6.314	12.706	31.821	63.657
2	0.816	1.886	2.920	4.303	6.965	9.925
3	0.765	1.638	2.353	3.182	4.541	5.841
4	0.741	1.533	2.132	2.776	3.747	4.604
5	0.727	1.476	2.015	2.571	3.365	4.032
6	0.718	1.440	1.943	2.447	3.143	3.707
7	0.711	1.415	1.895	2.365	2.998	3.500
8	0.706	1.397	1.860	2.306	2.897	3.355
9	0.703	1.383	1.833	2.262	2.821	3.250
10	0.700	1.372	1.813	2.228	2.764	3.169
11	0.697	1.363	1.796	2.201	2.718	3.106
12	0.695	1.356	1.782	2.179	2.681	3.055
13	0.694	1.350	1.771	2.160	2.650	3.012
14	0.692	1.345	1.761	2.145	2.624	2.977
15	0.691	1.341	1.753	2.131	2.602	2.947
16	0.690	1.337	1.746	2.120	2.583	2.921
17	0.689	1.333	1.740	2.110	2.567	2.898
18	0.688	1.330	1.734	2.101	2.552	2.878
19	0.688	1.328	1.729	2.093	2.539	2.861
20	0.687	1.325	1.725	2.086	2.528	2.845
21	0.686	1.323	1.721	2.080	2.518	2.831
22	0.686	1.321	1.717	2.074	2.508	2.819
23	0.685	1.319	1.714	2.069	2.500	2.807
24	0.685	1.318	1.711	2.064	2.492	2.797
25	0.684	1.316	1.708	2.060	2.485	2.787
26	0.684	1.315	1.706	2.056	2.479	2.779
27	0.684	1.314	1.703	2.052	2.473	2.771
28	0.683	1.313	1.701	2.048	2.467	2.763
29	0.683	1.311	1.699	2.045	2.462	2.756
30	0.683	1.310	1.697	2.042	2.457	2.750
40	0.681	1.303	1.684	2.021	2.423	2.704
60	0.679	1.296	1.671	2.000	2.390	2.660
120	0.677	1.289	1.658	1.980	2.358	2.617
∞	0.674	1.282	1.645	1.960	2.326	2.576

索 引

◆ 数字

2 項母集団	115, 133
2 つの母比率の差の検定	153
2 つの母平均の差の検定	142, 148
100% 積み上げ棒グラフ	11

◆ 英字

A	133
$\bar{A}$	133
$B(n, p)$	80
$E(X)$	79, 85
H_0	124
H_1	124
m	115, 148
$\dfrac{m}{N}$	115
$\binom{n}{x}$	80
N	115
$N(\mu, \sigma^2)$	86
p	114
$P(A)$	76
r	44
R	68
s	24
s^2	22, 111
s_{xy}	51
$T(m, N)$	133
$T(m_1, m_2, N_1, N_2)$	153
$t(n;\alpha)$	95
$T(\bar{x}, s^2, N)$	128
$T(\bar{x}_1, \bar{x}_2, s^2, N_1, N_2)$	142
$T(\bar{x}_1, \bar{x}_2, s_1^2, s_2^2, N_1, N_2)$	148
t 分布	93
$\mathrm{Var}(X)$	79, 85
X	78
$z\left(\dfrac{\alpha}{2}\right)$	102

◆ ギリシャ文字

α パーセント点	95
σ	80
σ^2	79

◆ ア行

ウェルチの検定	148
円グラフ	5
折れ線グラフ	7

◆ カ行

回帰係数	57
回帰直線	57
階級	66, 68

階級値	66, 69	相関係数	44
確率	76	相対度数	66, 71, 77
確率空間	76		
確率変数	78	◆ タ行	
確率密度関数	84	対立仮説	124
仮説	124	縦棒グラフ	3
傾き	57, 59		
		積み上げ棒グラフ	10
棄却	125	積み上げ面グラフ	12
棄却域	125	強い正の相関	44
期待値	79, 85	強い負の相関	44
帰無仮説	127		
共分散	50, 51	定数項	57
空集合	76	統計的検定	124
		等分散	141
検定統計量	124	——を仮定しない	148
		——を仮定する	142
◆ サ行		度数	66, 70
残差	58	度数分布表	66
散布図	28	◆ ナ行	
事象	76	内積	53
自由度	93, 112, 113	◆ ハ行	
信頼区間	101	バラツキ	24
		範囲	68
数表	90		
スタージェスの公式	68	ヒストグラム	72
		標準正規分布	86
正規母集団	101, 141	標準偏差	24, 80, 85
正の相関	32, 35, 44	標本比率	115
切片	57, 59	標本	100
全事象	76		

標本分散	111
比率	114
共通の――	153
負の相関	32, 38, 44
分散	20, 22, 79, 85
共通の――	142
平均	79, 85
平均値	17
母集団	100
母比率 p	
――の区間推定	115
――の検定	133
母分散	102, 107
母平均 μ	
――の区間推定	102, 107
――の検定	128
母平均の区間推定	101

◆ マ行

右上がり	32
右下がり	32
無相関	32, 44

◆ ヤ行

有意確率	124
有意水準	125
横棒グラフ	4
予測	61

◆ ラ行

離散確率分布	79
離散確率変数	79
累積相対度数	66, 71
累積度数	66, 71
連続確率分布	84
連続確率変数	84

〈著者略歴〉

石村　光資郎（いしむら　こうしろう）
2002 年　慶応義塾大学理工学部数理科学科卒業
2008 年　慶応義塾大学大学院理工学研究科基礎理工学専攻博士課程修了
現　在　東洋大学総合情報学部総合情報学科　専任講師
　　　　博士（理学）

- 本書の内容に関する質問は，オーム社ホームページの「サポート」から，「お問合せ」の「書籍に関するお問合せ」をご参照いただくか，または書状にてオーム社編集局宛にお願いします．お受けできる質問は本書で紹介した内容に限らせていただきます．なお，電話での質問にはお答えできませんので，あらかじめご了承ください．
- 万一，落丁・乱丁の場合は，送料当社負担でお取替えいたします．当社販売課宛にお送りください．
- 本書の一部の複写複製を希望される場合は，本書扉裏を参照してください．
  JCOPY ＜出版者著作権管理機構　委託出版物＞

身近な事例で学ぶ　やさしい統計学

2012 年 2 月 25 日　第 1 版第 1 刷発行
2023 年 9 月 10 日　第 1 版第 6 刷発行

著　者　石村光資郎
発行者　村上和夫
発行所　株式会社オーム社
　　　　郵便番号　101-8460
　　　　東京都千代田区神田錦町3-1
　　　　電話 03(3233)0641（代表）
　　　　URL https://www.ohmsha.co.jp/

© 石村光資郎 2012

印刷　中央印刷　製本　協栄製本
ISBN978-4-274-21159-1　Printed in Japan